Aus den Augen, nicht aus dem Sinn!

Auf dem Weg zum arbeitsfähigen virtuellen Team

von

Ursula Kraus

Frank Waible

66 praktische Online-Übungen und Energizer für die Entwicklung verteilter Teams

Verlag Franz Vahlen München

ISBN Print: 978 3 8006 6633 1
ISBN E-Book: 978 3 8006 6634 8

© 2021 Verlag Franz Vahlen GmbH, Wilhelmstr. 9, 80801 München
Satz: Fotosatz Buck
Zweikirchener Str. 7, 84036 Kumhausen
Druck und Bindung: Beltz Grafische Betriebe GmbH
Am Fliegerhorst 8, 99947 Bad Langensalza
Umschlaggestaltung: Ralph Zimmermann – Bureau Parapluie
Bildnachweis: Dominik Eberle

vahlen.de/nachhaltig

Gedruckt auf säurefreiem, alterungsbeständigem Papier
(hergestellt aus chlorfrei gebleichtem Zellstoff)

Herzlich willkommen!

Dieses Buch richtet sich an diejenigen, die davon ausgehen, dass zu einem New Normal auch die Entwicklung virtueller Teams gehört!

- Du führst als Führungskraft dein Team virtuell?
- Du bist Trainer und Coach und einer deiner Schwerpunkte ist die virtuelle Teamentwicklung?
- Oder hast du mittlerweile einfach nur Spaß an virtueller Teamarbeit gefunden?

Wenn du eine dieser Fragen mit „Ja" beantworten kannst, bist du hier genau richtig. Gerne laden wir dich ein, mit uns gemeinsam in die virtuelle Teamentwicklung mit all ihren Möglichkeiten einzutauchen.

Welchen Mehrwert bietet dir dieses Buch?

Wir liefern dir mit diesem Buch konkrete Übungen für die Entwicklung virtueller Teams, und zwar entlang der Phasen der Teamentwicklung und sofort einsetzbar. Die einzelnen Übungen enthalten Informationen zu dem Ziel, das damit erreicht werden soll, und konkrete Umsetzungsempfehlungen.

Zusätzlich stellen wir dir auch Online-Energizer zur Verfügung. Sie bieten dir und deinem Team einen schnellen Energieschub, um motiviert weiterzuarbeiten oder einmal gemeinsam zu lachen. Auch zu jedem Energizer findest du eine konkrete Umsetzungsempfehlung.

Nachdem wir schon seit einigen Jahren mit verteilten Teams arbeiten, sind wir selbst in das eine oder andere Fettnäpfchen getreten. Wir teilen mit dir in diesem Buch diese Erfahrungen, sodass du dieselben Fehler vermeiden kannst. Dazu laden wir dich ein, mit uns *Backstage* zu gehen. Du findest in diesem Buch unterschiedliche Backstage-Artikel, die dir erlauben, hinter die Kulissen zu sehen. In kleinen Lesenuggets teilen wir auch fachliches Hintergrundwissen.

Entlang der Phasen der Teamentwicklung findest du wichtige Tipps, die mit diesem Symbol versehen sind. Sie geben dir Impulse, wie du dein verteiltes Team in den einzelnen Entwicklungsphasen weiterbringst.

Ebenso haben wir eine Link-Box für dich erstellt. Sie erhebt nicht den Anspruch auf Vollständigkeit, gibt dir jedoch eine schöne Anregung, um weiter zu stöbern.

Wir sprechen über die Entwicklung verteilter Teams. Dabei spielt die Technik eine besondere Rolle. Die Übungen und Energizer sind nicht auf spezielle Online-Meeting-/Besprechungs-Plattformen oder Tools ausgerichtet. Wir haben uns bemüht, auch Hinweise für technische Alternativen zu teilen. Die Voraussetzungen für virtuelle Teamentwicklungen können sehr unterschiedlich sein. Daher sind eine breite Toolbasis und Toolkompetenz durchaus von Vorteil.

Die Illustrationen in diesem Buch stammen von Dominik Eberle, Ursula Kraus und Frank Waible. Visualisierung funktioniert auch virtuell. Dabei lassen sich schnell Gedanken auf einem Whiteboard entwickeln und mit dem Team teilen. Vielleicht gefällt dir die eine oder andere Visualisierung und dient dir als Anregung. Bei großen virtuellen Teamentwicklungen führen wir regelmäßig ein Grafic Recording durch, bei dem der gesamte Workshop virtuell aufgezeichnet wird und ein Erinnerungsanker für das Team ist.

Wie du gemerkt hast, verwenden wir die Anrede mit Du. In der virtuellen Umgebung dominiert diese Anrede und wir möchten den Lesefluss in diesem Buch so einfach wie möglich gestalten. Daher haben wir uns auch dazu entschieden, das generische Maskulinum zu verwenden. Die männliche Form der Anrede bezieht sich somit immer auf alle Geschlechter.

Warum haben wir dieses Buch geschrieben?

Wir arbeiten seit vielen Jahren mit verteilten Teams. Die einzelnen Teammitglieder sitzen teilweise auf unterschiedlichen Kontinenten und müssen als erfolgreiches Team zusammenarbeiten, ohne sich regelmäßig treffen zu können. Teilweise sind auch die gemeinsamen Office-Zeiten sehr unterschiedlich, sodass die limitierte zeitgleiche Kommunikation bewusst gestaltet werden muss. Das „betreute Lesen", bei dem ausschließlich PowerPoint-Folien geteilt werden, fällt damit schon einmal weg. Durch Covid-19 waren alle Unternehmen und Mitarbeiter gezwungen, virtuelle Kompetenzen aufzubauen. Die gemeinsame Lernkurve war enorm. Schnell wurden die Möglichkeiten deutlich, die sich durch die Digitalisierung ergaben. Doch trennte sich zu diesem Zeitpunkt schnell die Spreu vom Weizen. Während viele noch darauf warteten, zur alten Normalität zurückkehren zu dürfen, dachten andere bereits darüber nach, wie sie das neu erworbene Wissen in ihrem Team anwenden und damit erfolgreicher zusammenarbeiten können.

Viele Unternehmen, Führungskräfte, Trainer und Coaches haben erkannt, dass die virtuelle Zusammenarbeit Teil unseres New Normal werden wird. Daher benötigen wir nicht nur entsprechende Medienkompetenzen, sondern auch didaktische Kompetenzen und eine entsprechende innere Einstellung zur virtuellen Arbeit. Auf der Suche nach neuen Möglichkeiten finden interessierte Leser jedoch sehr häufig nur Energizer als Möglichkeit der Teamentwicklung. Mittlerweile ist über Energizer auch immer mehr Literatur zu finden. Jedoch benötigt die Entwicklung von Online-Teams noch deutlich mehr. Beispielsweise sind häufig Rollen- und Schnittstellen nicht geklärt oder die Frage offen, wie virtuell eine Feedbackkultur etabliert wird. Verteilte Teams entwickeln sich entlang bestimmter Phasen. Häufig hören wir die Aussage: „Virtuelle Teamentwicklung geht doch gar nicht!" Geht wohl. Wir brauchen jedoch ein technisches und methodisches Handlungsrepertoire, um unser Team optimal zu unterstützen. Und damit war die Idee dieses Buchs geboren.

Was wir mit diesem Buch nicht möchten

Dieses Buch ist wie ein Kochbuch. Es bietet dir viele unterschiedliche Rezepte mit unterschiedlichen Zutaten. Für jeden Geschmack ist etwas dabei. Wir teilen mit dir viele Übungen und unsere Erfahrungen aus der Praxis. Ganz nach dem Motto: So viel Praxis wie möglich und so viel Theorie wie nötig. Theoretische Abhandlungen wirst du hier genauso wenig finden wie ausufernde Hard- und Softwarediskussionen.

Nützliche Wegweiser durch das Buch

Die erklärten Übungen sind stets nach demselben Format aufgebaut. Neben einer kurzen Einleitung zur Übung findest du immer als Erstes, was mit der Übung erreicht werden soll, das *Ziel*. Um ein Gefühl zu bekommen, wie lange eine Übung dauert, folgt immer eine *Zeitangabe*, die einen groben Rahmen geben soll, da es hier auf die *Anzahl der teilnehmenden Personen* ankommt. Diese Angabe folgt als Nächstes. In Präsenzveranstaltungen sprechen wir immer davon, welches Material, wie Flipchart, Fragebögen etc., eingesetzt werden soll. So findest du immer eine Rubrik *virtuelle Ressourcen* und gelegentlich *physische Ressourcen*. Damit die Übung oder der Energizer gut durchgeführt werden kann, kommt als nächster Unterpunkt *Vorbereitung* und im Anschluss *Durchführung*. Im Unterpunkt Durchführung wird ein möglicher Ablauf beschrieben, den wir bereits mehrmals gemacht haben. Dieser Ablauf beinhaltet mögliche Anmoderationen, die natürlich immer an die entsprechende Situation angepasst werden sollten. Im Unterpunkt Durchführung findest du auch öfters Varianten, wie eine Übung alternativ gestaltet werden kann. Hier haben wir auch Handouts beschrieben, wenn diese in einer Übung sinnvoll sind.

Falls du Material, wie Vorlagen, Fragebögen oder Handouts, in elektronischer Form benötigst, so findest du dieses auf unserer Buch-Website unter Bonusmaterial: https://nicht-aus-dem-sinn.de

Inhaltsverzeichnis

1. Besonderheiten von Remote Teams

1.1 Ohne Technik geht es nicht

Die richtige Ausstattung ist arbeitsnotwendig! Treffen sich Menschen persönlich, finden viele Dinge unbewusst statt. Stimmungen werden durch den persönlichen Kontakt schnell wahrgenommen. Die Stimme des anderen ist gut hörbar und alle befinden sich im selben Raum. In der virtuellen Zusammenarbeit fehlen diese wichtigen Informationen. Die folgenden Informationen unterstützen dich dabei, auch online dieselbe Wirkung zu erzeugen:

Arbeitest du längere Zeit mit dem Team virtuell zusammen, spielt die Tonqualität eine bedeutende Rolle. Eine gute Tonqualität erleichtert das Zuhören. Oftmals wirken die im Laptop eingebauten Mikrofone eher „blechern". Um annähernd dieselbe Gesprächsqualität zu erhalten, nutzt du idealerweise ein höherwertiges, externes Mikrofon und eine externe Webcam. Wir empfehlen mindestens eine Webcam mit 1.080 p (4K) und mit maximal 74 Grad, mit einer zusätzlichen Webcam Software für die Kameraeinstellung sowie ein Richt- oder Lavallier-Mikrofon mit einer Klang- und Frequenzbandbreite (35 Hz – 16 kHz). Diese Frequenzbreite liefert dir einen vollen und warmen Klang.

Gute Lichtverhältnisse machen dich gut sichtbar. Häufig können die Gesichter der Teilnehmer trotz geöffneter Kamera nicht gesehen werden, da die Lichtverhältnisse ungünstig sind. Vermeide es daher, direkt unter einem Fenster zu sitzen oder das Fenster direkt gegenüber deinem Sitzplatz zu haben. Bei der Nutzung von Webcams sollte die Beleuchtung am Arbeitsplatz mindestens 4.000 Kelvin haben und die Lichtquelle sollte etwa 15 Grad versetzt sein. Die Lichtpositionierung erzeugt leichte Schattierungen und ergibt ein lebendigeres Videobild. Wenn die Lichtquelle direkt von vorne kommt, sieht man meist keine Schatten und das Bild sieht zu gleichmäßig aus.

In der Zwischenzeit sind virtuelle Hintergründe Mode geworden. Wir haben einen differenzierten Blick darauf. Ob und welchen Hintergrund du nutzt, hängt davon ab, welches Ziel verfolgt werden soll und um welche Art von Meeting es sich handelt. Zu unruhige Hintergründe ermüden die Augen der Teilnehmer schneller, da unser Auge permanent versucht, das Bild scharf zu stellen. Das ist einer der Gründe, warum Online-Videobesprechungen schneller ermüdend sind.

Damit alle Informationen (Kamerabilder, Präsentationen, Arbeitsoberflächen) gut auf dem Bildschirm zu sehen sind, solltest du neben deinem Laptop-Bildschirm noch einen externen Monitor ab 23 Zoll nutzen. Die Internetverbindung unterliegt Schwankungen. Um eine gute Internetverbindung zu gewährleisten, nutzt du idealerweise ein LAN-Kabel.

Es gibt mittlerweile so viele unterschiedliche Online-Besprechungs-Plattformen. Auf die unterschiedlichen Softwarelösungen gehen wir nicht weiter ein. Die Wahl der Plattform ist abhängig von den rechtlichen Vorschriften des Unternehmens. Die meisten Firmen haben hierzu klare Vorgaben ihrer IT-Abteilung. Damit du interaktiv arbeiten kannst und eine höhere Partizipation der Teilnehmer gewährleistest, sollte deine Plattform folgende Funktionalitäten bieten:

- Sicherheitsfunktion beim Anmelden
- sichtbare Teilnehmerliste
- mindestens sechs bis zehn gleichzeitige Kameraansichten
- Chat-Funktion mit Emojis
- Teilen von Dateien
- Teilen des Bildschirms
- Akklamationszeichen
- gegebenenfalls Feedbacksymbole
- gegebenenfalls Whiteboard (wir gehen später auch auf Alternativen ein)

Welche Features du nutzt, ist ebenfalls abhängig von der Anzahl der Teilnehmer. Unsere Empfehlung findest du in der Abbildung unten. Für einen guten Dialog zwischen den Teilnehmern ist eine Gruppengröße zwischen fünf und zehn Teilnehmern angebracht. Ab zehn und mehr Teilnehmern sollten Arbeitsgruppen (Virtual Break-out-Sessions) gebildet werden.

Bis 10 Teilnehmer
- verbales Feedback
- mündliche Diskussionen
- freies Einbinden des Chats
- gemeinsame Whiteboards
- Application Sharing

Bis 25 Teilnehmer
- primär Arbeit mit Abstimmung und Umfragen
- Feedback über die Feedback-Funktionen
- intensivere Arbeit mit Teilgruppen
- Fragen sollten über Q&A eingereicht werden

Backstage 1: Wie viel gibst du preis? Wie du den Hintergrund deiner Kamera bewusst gestaltest

Kamera an! Das gehört mittlerweile zum guten Ton. Und dann bitte noch den entsprechenden virtuellen Hintergrund des Unternehmens wählen. Das entspricht gerade dem aktuellen virtuellen Knigge. Doch was bewirken wir damit eigentlich?

Ich möchte dich zu einem differenzierten Blick auf das Thema Kameraeinstellungen einladen. Zu Beginn des ersten Lockdowns waren viele Teammitglieder nicht gewohnt, die Kamera einzuschalten. Deshalb blieb sie aus. Das hatte diverse Gründe: Sie waren noch nicht auf das mobile Arbeiten zu Hause eingestellt. Einzelne saßen im Kinderzimmer, im Schlafzimmer oder in der Rumpelkammer und wollten diese Eindrücke nicht präsentieren. Andere hatten noch keine freigeschaltete Kamera. Doch dann wurde der Ruf nach der Kamera laut. So konnten wir doch besser „kontrollieren", was die einzelnen Teilnehmer machten. Wir bestanden deshalb darauf, die Kamera permanent anzuhaben. Dass ein Teammitglied in China eventuell gerade mitten in der Nacht am Meeting teilnahm, ignorierten wir. Stattdessen boten wir an, den virtuellen Hintergrund einzustellen.

Heute haben wir einen differenzierten Blick darauf entwickelt. Gerade bei unserem Thema, der virtuellen Teamentwicklung, ist es oftmals viel besser, einen ordentlichen Hintergrund zu wählen. Wir zeigen damit Einblicke in unser privates Umfeld, was wiederum eine vertrauensbildende Maßnahme darstellt.

Zwei Beispiele möchten wir hier mit euch teilen:

- Bei einem virtuellen Kaminabend startete ein neuer CEO eines Unternehmens aus der Branche Automotive mit zwei Fragen an sein Team: einer persönlichen Frage und einer Frage, die den beruflichen Kontext betraf. Die persönliche Frage bezog er immer auf etwas, das er im Hintergrund wahrgenommen hatte, beispielsweise ein Bild oder den Raum als solchen. Jeder kam zu Wort. Die Teilnehmer waren anschließend begeistert von dem persönlichen Interesse ihres neuen CEO.
- Ein Geschäftsführer begrüßte bei einem anderen virtuellen Kaminabend sein Team und drehte anschließend einmal seine Kamera. Er wolle kurz zeigen, in welchem Raum er gerade sitze, erläuterte er. Alle anderen passten sich in der Check-in-Runde an. Der Kaminabend wurde locker, ungezwungen und alle blieben freiwillig länger als geplant.

Der differenzierte Blick auf die Kamera:

- Gehen wir offener mit unserem Hintergrund um und sind wir bereit, unseren Teamkollegen Einblicke zu gewähren, wirkt sich das vertrauensbildend und beziehungsstärkend aus.
- Handelt es sich um ein reines Arbeitsmeeting oder ein internationales Team, bei dem einzelne Teilnehmer sehr frühmorgens oder spätabends teilnehmen, kann durchaus auf die Kamera verzichtet werden.
- Bei Terminen mit Kunden macht ein virtueller Hintergrund sehr viel Sinn. Doch dann darf es auch gerne einmal das Projektbild des Kunden sein statt das eigene Logo oder eine Folie mit einer wichtigen Kernaussage für den Kunden.

1.2 Aufmerksamkeit von Menschen steuern

In unserer schnelllebigen Welt, welche sowohl privat als auch beruflich von Informationsüberflutung geprägt ist, ist es sehr herausfordernd, fokussiert zu arbeiten. Ständig tauchen neue E-Mails auf. Eine Online-Besprechung jagt die andere. Die Arbeit wird kleinteiliger. Die Themen wechseln schnell. Das erfordert eine mentale Rüstzeit, um sich auf die neuen Inhalte einzustellen.

Die folgenden Prinzipien sichern dir die Aufmerksamkeit und den Fokus deiner Teilnehmer während der Online-Veranstaltungen.

Die Motivation beeinflusst den Grad der Aufmerksamkeit. Du findest dazu auch einen Backstage-Artikel. Die Aufmerksamkeit kann weniger als sechs Sekunden oder in einem Flow mehrere Stunden dauern.

Gib deinen Teilnehmern zu Beginn der virtuellen Veranstaltung die Möglichkeit, in der Online-Besprechung „mental" anzukommen, und vermeide es, sofort in die Agenda zu springen. Auch in Präsenzveranstaltungen haben wir ein Check-in. Die Teilnehmer haben Wegezeiten vor der Besprechung, in denen sie sich mental auf das folgende Thema einstellen können. Bei virtuellen Veranstaltungen trennt nur ein Klick die einzelnen Meetings und Themen voneinander. Zum „mentalen" Ankommen gibt es unterschiedliche Möglichkeiten:

- Eröffnungsfragen zum Besprechungsthema
- Warm-ups
- kurzer sozialer Austausch u. v. m.

Du erhältst in diesem Buch einige Anleitungen dazu.

Virtuelle Meetingregeln bilden die Grundlage einer guten virtuellen Kommunikation und geben deinem virtuellen Meeting Ordnung:

Wir vereinbaren mit unseren Teilnehmern gerne folgende Vereinbarungen des Gelingens:

- *„Wir möchten Menschen im virtuellen Raum sichtbar machen. Bitte schaltet daher eure Kamera ein.*
- *Damit wir uns nicht gegenseitig ins Wort fallen, bitten wir euch, das Akklamationszeichen zu nutzen.*
- *Wir freuen uns über Emotionen. Nutzt daher bitte die Emoticons, um eure Emotionen mit der Gruppe zu teilen.*
- *Fragen könnt ihr gerne in den Chat notieren.“*

Natürlich lassen sich auch noch andere Vereinbarungen des Gelingens treffen.

Neben den konkreten Vereinbarungen zur Zusammenarbeit hilft dir die ANA-Methode, um fokussiert an einem Thema zu arbeiten. Das Akronym ANA steht für

- **A**ufpassen (zuhören)
- **N**achdenken (Inhalte verarbeiten)
- **A**ntworten (Rückmeldung geben)

Langes Zuhören ist nicht hilfreich. Die Teilnehmer hören nur kurze Impulsvorträge, die maximal fünf bis zehn Minuten dauern. Im Anschluss folgen eine Verarbeitung des Gehörten und das Nachdenken. Idealerweise beendest du in dieser Zeit das Teilen der Präsentation oder der Anwendung und wechselst in die Kameraansicht. Das wichtigste Kommunikationsmittel, um die Verarbeitung des Gehörten voranzutreiben, sind Fragen. Vor allem Fragen des Commitments helfen dir zu erfahren, welche Einstellung die Teammitglieder zu dem Gehörten haben. Beispielsweise kannst du fragen: „Was bedeutet das Gehörte für dich?", „Wie ist deine Meinung dazu?" oder „Was sind die Vor- und Nachteile des Gehörten?" Die Zeit der Verarbeitung kann nur wenige Minuten bis zu mehreren Stunden dauern. Im Anschluss erfolgt der Austausch in der Gruppe. Mit diesem Dreiklang gelingt es, Gehörtes besser zu behalten und in der Veranstaltung verbindlicher zu sein.

Eine Zusammenfassung am Ende und das Commitment für die nächsten Schritte sichern dir die Aufmerksamkeit bis zum Schluss.

Körperliche Aktivitäten und Energizer bringen neuen Schwung und Energie. Eine Auswahl dazu findest du in Kapitel 3.

Backstage 2: Der Einfluss des Bindungshormons bei virtuellen Teams

Das Bindungshormon Oxytocin ist Studien zufolge das Schlüsselsignal für Vertrauenswürdigkeit. Die meisten verbinden es zwar in erster Linie mit der Paarbeziehung und Berührungen. Jedoch gibt es mehrere Studien, die zeigen, dass das Bindungshormon auch in vielen anderen Situationen ausgeschüttet wird. Gerade Vertrauen ist ein wichtiger Bestandteil für den Zusammenhalt in verteilten Teams.

Die Neurobiologie zeigt den Einfluss von Oxytocin auf das pro-soziale Verhalten. Es ist die biologische Basis für die goldene Regel: Werden wir gut behandelt, schüttet unser Körper Oxytocin aus. In Studien von Paul J. Zak wurde mittels Blutproben festgestellt, dass nach einer positiven sozialen Erfahrung das Gehirn bis zu 30 Minuten nach dem Ereignis aktiv Oxytocin ausschüttet.

Wertschätzung und positive Rückmeldungen in Form von Lob erhöhen auch bei verteilten Teams die Ausschüttung von Oxytocin und somit das Vertrauen. Auch gemeinsame Herausforderungen und gemeinsame Zielerreichungen schweißen zusammen. Ebenso unterstützen Offenheit, Neugier und Hilfsbereitschaft die Ausschüttung von Oxytocin.

Die genannten Aktivitäten und Maßnahmen treffen natürlich ebenso für Präsenzteams zu. Der Hauptunterschied dieser beiden Teamformen ist aber der Blickkontakt. Was in Präsenzteams meist beiläufig passiert, gilt nicht für verteilte Teams. Ebenso wurde bereits in Studien nachgewiesen, dass der Blickkontakt zwischen Menschen eine stimulierende Wirkung auf das Bindungshormon hat und somit das Vertrauen im Team erhöht. Das spricht für eingeschaltete Kameras in virtuellen Teammeetings.

Das „Bindungs"-Hormon steht für:

- Befähigung = gemeinsames Weiterentwickeln
- VIsuell = immer Sichtkontakt, wenn möglich
- Nordstern = ein gemeinsames Ziel, eine gemeinsame Richtung
- De-Stress reduzieren – Fokus auf das, was gemeinsam bewältigt werden kann!
- Unterstützen = gegenseitige Hilfe und Unterstützung
- Neugierig = Offenheit
- Gemeinsam = Fokus auf gemeinsame Aktivitäten

1.3 Das Team virtuell arbeitsfähig machen

Um ein verteiltes Team arbeitsfähig zu machen, sollten die technischen Voraussetzungen für alle Teammitglieder gleich oder ähnlich sein. Schön wäre es, wenn jeder dieselbe Hardware nutzt und Zugriff auf dieselben Softwarewerkzeuge hat. Die Teammitglieder benötigen eine technische Kompetenz. Mit der genutzten Technik sollten sie vertraut sein. Es wird immer wieder Mitglieder geben, die eine höhere technische Affinität haben als andere. Zu Beginn der Zusammenarbeit ist es daher nötig, kleine Trainingseinheiten durchzuführen oder Lernvideos anzubieten. Auch Lernpartner können eine gute Voraussetzung sein. Beispielsweise unterstützt ein technikaffiner Kollege einen weniger versierten Kollegen. Um Technikkompetenz ganz beiläufig zu entwickeln, kannst du im Team die Regel aufstellen, dass die Moderation des virtuellen Meetings wechselnd bei einem anderen Teammitglied liegt.

Eine gute Beziehungsebene fördert die Arbeitsfähigkeit. Kläre daher, welche Erwartungen die einzelnen Teammitglieder an die virtuelle Zusammenarbeit haben, was sie benötigen, um sich wohlzufühlen, oder was sie motiviert. Beispielsweise sind diese beiläufigen Begegnungen am Kaffeeautomaten für einige Menschen ein wichtiges Socializing. Dort kann nach Befindlichkeiten gefragt werden, eine aktuelle Herausforderung kann diskutiert werden oder einfach die persönlichen Erlebnisse des letzten Wochenendes können geteilt werden. Frag das Team, wie es den fehlenden Austausch am Kaffeeautomaten ausgleichen möchte. Unsere Kunden haben für sich ganz unterschiedliche Ideen entwickelt.

Hier sind einige Beispiele: regelmäßige virtuelle Kaffeepausen, Nutzen von Instant Messages wie beispielsweise über Jabber, um persönliche Informationen zu teilen, oder regelmäßige virtuelle Teamevents. Hier gibt es mittlerweile ein großes Angebot: virtuelle Escape Rooms, gemeinsame Kochevents etc. Die sozialen Kontakte und Gespräche erhöhen die Bindung im Team und ermöglichen einen schnelleren Vertrauensaufbau.

Der „Code of Collaboration" regelt wichtige Punkte der virtuellen Zusammenarbeit. Hier findest du einen eigenen Backstage-Artikel.

Wichtig ist, dass das Team seinen eigenen Weg findet.

Backstage 3: Wie du die Teilnehmer mit einem kleinen Vorbereitungsauftrag mit der Technik vertraut machst

Als Fan von Mural dachte ich mir, dass es doch ganz einfach wäre, mit einem Mural Board zu arbeiten. In einem virtuellen Train-the-Trainer-Training stellte ich dann fest, dass es wohl doch nicht so einfach ist. Ich stellte das Board während des Trainings vor und überforderte sofort meine Teilnehmer.

Wie kannst du den Einsatz im Workshop ideal vorbereiten?

Du kannst nach den konkreten Erfahrungen fragen und die Teilnehmer bitten, ein virtuelles Post-it dafür zu wählen. Um die Stimmung im Vorfeld zu erfragen, lässt du die Teilnehmer ein GIF wählen, das ihrer Stimmung am besten entspricht. Abschließend kannst du deine Teilnehmer bitten, ein Icon auszusuchen, das für sie in der virtuellen Zusammenarbeit am wichtigsten ist.

Beispiele findest du hier:

Alternativ kannst du deine Teilnehmer auch bitten, sich kreativ auf dem Board vorzustellen, dabei mindestens ein Bild von sich hochzuladen und einen Gegenstand als Icon zu wählen, den sie in ihrem privaten Umfeld sehr häufig benötigen.

Wichtig ist, eine Bedienungsanleitung auf dem Mural Board zu hinterlegen.

1.4 Phasen eines virtuellen Teammeetings

Jedes virtuelle Teammeeting folgt demselben Rhythmus. In der folgenden Abbildung findest du die Phasen im Überblick:

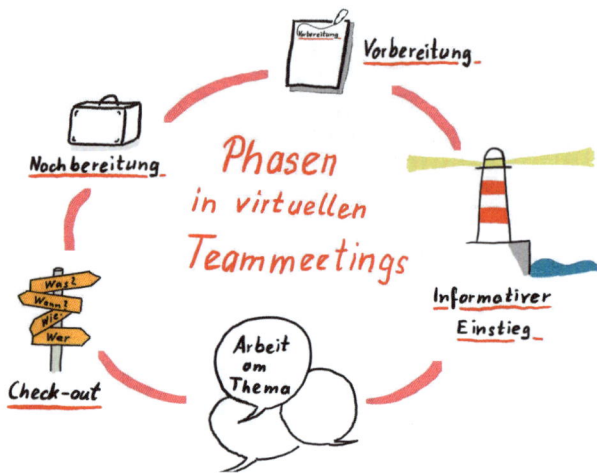

Vorbereitung

Folgende Fragen unterstützen deine Vorbereitung:

- Was möchtest du in diesem Teammeeting erreichen? (Definiere dein Ziel.)
- Wie möchtest du während des Meetings vorgehen? (Lege deine Dramaturgie fest.)
- Welche technischen Anforderungen hast du (z. B. Webcams)?
- Welche technischen Informationen musst du mit dem Team teilen (z. B. Einwahldaten oder Links zu bestimmten Tools)?
- Wer sind deine Teilnehmer (Erfahrung, technische Fähigkeiten, Einstellung zum Thema etc.)?
- Wie viele Teilnehmer hast du? (Die Antwort bestimmt die Wahl der Online-Werkzeuge.)

Die Dramaturgie legt den Fahrplan für dein virtuelles Teammeeting fest:

- Halte die Aufmerksamkeit hoch.
- Nutze den Medienmix: Einsatz von Videos, Bildern (digital und analog), Musik, Bewegung.
- Bring Abwechslung durch den Methodenmix: Welche Methode führt zum Ziel?
- Micro-Timing-Ablauf konzipieren

Weitere Vorbereitungsaufgaben:

- Gruppenarbeiten vorbereiten, zum Beispiel den Arbeitsauftrag beschreiben
- Koreferenten oder Moderatorenbriefing berücksichtigen
- Technik-Check vor der Veranstaltung

Der informierende Einstieg

Der informierende Einstieg ermöglicht den Teilnehmern, im virtuellen Raum anzukommen und miteinander warm zu werden. Informierend ist der Einstieg auch, da er den Teilnehmern einen Überblick über den Ablauf und das Ziel der Veranstaltung gewährleistet und damit Sicherheit schafft.

10 Punkte für den sicheren Einstieg in ein virtuelles Meeting

- **fünf Minuten früher** anwesend sein
- auf einen **ordentlichen Hintergrund** achten
- **Audioverbindung prüfen** (Können mich alle Teilnehmer hören?)
- Zeit für „**Social Warm-up**" – auch wenn sich die Teilnehmer bereits kennen
- **persönliche Vorstellung** – idealerweise mit Video-Bild
- **Online Meeting Guide** und „Vereinbarungen des Gelingens" thematisierten?
- Habe ich **Orientierung über die Plattform** (MS Teams, Zoom, etc.) gegeben? (Alle Funktionen, die ich zur Zusammenarbeit nutzen möchte, sollten kurz angesprochen werden.)
- **Ziel** des Meetings nennen
- **Agenda** vorstellen
- **Erwartung** an das Meeting klären

Arbeit am Thema

Sobald du Orientierung und Überblick gegeben hast, beginnst du, entsprechend deiner geplanten Vorgehensweise am Thema zu arbeiten oder die zu bearbeitenden Themen gemeinsam mit dem Team festzulegen. In diesem Buch findest du eine Vielzahl unterschiedlicher Übungen. Folge gerade in dieser Phase dem oben beschriebenen Akronym ANA.

Check-out

Ziel der Abschlussphase ist es, sicherzustellen, dass die Teilnehmer wissen, was die nächsten Schritte sind, Rückmeldungen über die Veranstaltung zu erhalten und mit einem guten Gefühl aus der Veranstaltung zu gehen. In der folgenden Abbildung findest du alle wesentlichen Punkte:

6 Punkte für das Check-out aus einem virtuellen Teammeeting

- **Habe ich SMARTE Vereinbarungen** getroffen?
- Sind meine Vereinbarungen in ganzen **Sätzen** formuliert?
- Habe ich das **Commitment** meiner Teilnehmer? Woher weiß ich das?
- **Kurze Zusammenfassung** der wesentlichen Inhalte
- **Ausblick geben:** Wie geht es weiter? Was sind die nächsten Schritte?
- Kurze **Retrospektive** der Zusammenarbeit

Einige Beispiele für eine kurze Retrospektive am Ende:

- Blitzlicht: Schnelle Rückmeldung – ein Wort pro Person über die Veranstaltung
- Skalierungsfrage: Wie hat Ihnen die Veranstaltung auf einer Skala von 1 (sehr gut) bis 6 (schlecht) gefallen?
- Den Chat für eine qualitative Rückmeldung nutzen: Was hat mir gefallen? Was würde ich mir für nächstes Mal wünschen?
- Stop – Start – Continue: Was sollen wir beibehalten? Welches Verhalten sollten wir stoppen? Was sollten wir unbedingt beibehalten?

1.5 Kompetenzen und Haltung eines virtuellen Teamentwicklers

Eine spannende Frage haben wir noch zu klären. Welche Voraussetzungen benötigst du?

Zu den Kompetenzen eines virtuellen Teamentwicklers gehören der professionelle Umgang mit Medien, eine technisch saubere und bewusst eingesetzte Kommunikation und ein gutes Selbstmanagement.

Da die virtuellen Medien oft eine dichte, direkte Kommunikation verhindern, erfordert die virtuelle Teamentwicklung einen sauberen Kommunikationsstil von dir.

Neben deiner Klarheit sind die Fähigkeit, Feedback zu geben, Konflikte frühzeitig zu erkennen und anzusprechen, sowie deine Fähigkeit, Vertrauen in die Kommunikation aufzubauen, entscheidend. Feedback wird in der virtuellen Kommunikation oft zu spät oder gar nicht gegeben. Da jede Rückmeldung, insbesondere kritisches Feedback, eine gewisse „Gefahr" für die Beziehung darstellt, wird es oft vermieden.

Schließlich will man die ohnehin schwache Bindung nicht gefährden. Dadurch wird sie aber noch mehr geschwächt. Außerdem warten viele Führungskräfte mit kritischen Anmerkungen, bis sie ihre Mitarbeiter das nächste Mal sehen. Dann aber ist das Feedback nicht mehr direkt genug und nicht mehr relevant genug – wiederum gute Gründe, kein Feedback zu geben. So gerät man leicht in einen Teufelskreis.

Kritisches Feedback muss virtuell noch sauberer kommuniziert werden, um die Beziehung tatsächlich zu stärken und den Aufbau von Vertrauen zu unterstützen. Den Konflikten in der virtuellen Kommunikation könnte ein eigenes Kapitel gewidmet werden. An dieser Stelle sei nur erwähnt, dass aufmerksames Zuhören und das Verlassen auf die eigene Intuition und das Gespür für negative Emotionen von Vorteil sind. Und zwar dann, wenn sie von der Führungskraft genutzt werden, um frühzeitig (wenn nicht sogar präventiv) die ersten Verhärtungen anzusprechen. Eigentlich ist es selbstverständlich, aber nicht jedem immer bewusst, dass solche komplexen Kommunikationsanlässe auch ein entsprechendes Medium benötigen.

Besonderes Augenmerk liegt auf deiner Fähigkeit, virtuell Vertrauen aufbauen zu können. In der virtuellen Kommunikation bedeutet, vertrauenswürdig zu agieren, absolut berechenbar und zuverlässig zu sein. Aus der Ferne sind der Stress und die Hektik nicht zu sehen, sodass im Falle einer Verzögerung aus Sicht des Mitarbeiters diese eher darauf zurückgeführt wird, dass man nicht so wichtig ist. Von dir sind daher starke, konsequente Signale gefragt, die Vertrauen und Verlässlichkeit aufbauen und deutlich machen, dass man auf Distanz gleichwertig ist.

 Top-Tipp!

Reflektiere dich regelmäßig selbst. Folgende Fragen helfen dir dabei:

- Sprichst du Konflikte im Team an?
- Suchst du zu schnell nach Rückversicherung bei Teammitgliedern?
- Bist du zu sehr darauf bedacht, auf Konsens zu bauen?

Haltung des virtuellen Teamentwicklers
Auch deine eigene innere Haltung nimmt maßgeblich Einfluss auf den Erfolg deiner virtuellen Teamentwicklung. Die innere Haltung ergibt sich im Wesentlichen aus deinen Werten und deinem Menschenbild.

In der didaktischen Haltung wird ein Menschenbild gelebt, das sich auf das Positive im Menschen fokussiert und vorhandene Ressourcen nutzt, ausbaut und stärkt. Es geht darum, die Stärken zu stärken und für die Schwächen eine kreative Lösung zu finden.

Bei der Haltung geht es um ein authentisches Begegnen von Person zu Person und nicht um Unterweisen oder (Ver-)Urteilen. Folgende Punkte bilden das Herzstück dieser Haltung:

- Als virtueller Teamentwickler achtest du darauf, aufmerksam wahrzunehmen, was ist, und ein hervorragender Zuhörer zu sein.
- Virtuelle Teamentwickler sind immer wertschätzend. Sie achten das Individuum.
- Wir bilden möglichst wenig Urteile über einen anderen Menschen.
- Wir akzeptieren, dass das, was gerade ist, die Aufgabe ist.

Als notwendige Voraussetzungen sehen wir: Respekt, Empathie und Wahrhaftigkeit.

2. Übungen

2.1 Teamentwicklungsphasen

Als Leitfaden für die Teamentwicklung nutzen wir die von Bruce Tuckman be-
währten und entwickelten Teamentwicklungsphasen. Sie sind einfach zu verstehen, geben Struktur und klären darüber auf, warum ein Team so ist, wie es ist.

Teamphasen nach Bruce Tuckman

Forming-Phase   Storming-Phase   Norming-Phase   Performing-Phase   Adjourning-Phase

Sie werden am Anfang eines Kapitels genauer beschrieben.

Als Führungskraft ist es hilfreich, diese Phasen zu verstehen, damit du das Team
gut begleiten und entwickeln kannst und in manch angespannter Situation nicht
überreagierst. Der Durchlauf und die Intensität der Phasen variieren von Team
zu Team. Manchmal kann die vierte Phase, die Performing-Phase, bereits nach
zwei Besprechungen eintreten, ein anderes Mal dauert es Monate. Auch wenn
die Phasen linear aufgebaut sind, ist der Weg des Teams nicht linear. Teams
durchlaufen diese Zyklen verschiedene Male. Jedes Mal, wenn ein neues Mitglied dazukommt oder sich die Führung ändert, kann das Team teilweise in die
Forming-Phase zurückfallen.

Der Fokus der jeweiligen Übungen ist einer Phase zugeordnet, um dich als
Führungskraft und dein Team in dieser Phase optimal zu unterstützen und zu
begleiten. Wenn du aber den Eindruck hast, eine Übung aus der Forming-Phase
könnte dein Team in einer anderen Phase unterstützen, kannst du sie natürlich
genauso durchführen.

Diese Teamentwicklungsphasen basieren auf der Arbeit von Bruce Tuckman:
„Developmental Sequence in Small Groups", in: Psychological Bulletin, 1965,
Volume 63 (6), S. 384–399.

2.2 Forming-Phase: Wir kommen zusammen

Wenn ein Team neu zusammenkommt, zum Beispiel bei einem Projektanfang, erkunden die Teammitglieder vorsichtig die Grenzen des akzeptablen Gruppenverhaltens. Wie jemand, der vorsichtig mit den Zehen die Wassertemperatur testet, wenn man ins Wasser will. Das ist die Phase der Veränderung vom Individuum zum Teammitglied und das Austesten der Führungskompetenzen des Projekt- oder Teamleiters.

Die Forming-Phase beinhaltet folgende Gefühle:

- Aufregung, bei einem spannenden Projekt dabei zu sein
- Optimismus
- Stolz darüber, ausgewählt worden zu sein
- etwas Unsicherheit, Angst vor dem Job, der vor einem liegt

… und diese Verhaltensweisen:

- Aktive Beteiligung in Online-Besprechungen
- Der Versuch, Aufgaben nach eigenem Ermessen zu entscheiden und abzuschließen
- Entscheiden, welche Informationen benötigt werden
- Bestimmen und beeinflussen, welches Verhalten im Team akzeptabel ist und wie mit Problemen umgegangen werden soll
- Spielregeln etablieren
- Warten, bis gesagt wird, was getan werden soll
- Sich über die Organisation beschweren

Damit von Anfang an im Projekt ein guter Start gelingt, ist es auch wichtig, persönliche Aspekte der Teammitglieder zu berücksichtigen und zu adressieren. Der Teamspirit ist der Kleber, der das Team zusammenhält.

Als Führungskraft ist es in dieser Phase wichtig, Vertrauen und Zuversicht aufzubauen. Das bedeutet, dass die Teammitglieder sich kennenlernen können und Zeit haben, um eine klare Richtung und klare Rollenverantwortlichkeiten gemeinsam zu erarbeiten. Das heißt, du musst ihnen die notwendigen Informationen wie Ziel, Erwartung und Sinn für einen guten Teamstart liefern und den passenden Rahmen zur Verfügung stellen.

Die konkreten Übungen im Kapitel Forming helfen dir, einen guten Start zu planen. Diese Übungen können aber auch sinnvollerweise zu einem späteren Zeitpunkt gemacht werden – je nach Entwicklungsstand des Teams oder wenn neue Teammitglieder dazukommen.

Top-Tipp!

Die folgenden Aktivitäten unterstützen dich dabei, schneller in die nächste Entwicklungsphase zu gelangen:

- Lege die Grundregeln für eure virtuellen Teambesprechungen fest.
- Bestehe darauf, dass alle Teilnehmer während der virtuellen Teambesprechungen komplett anwesend sind.
- Überprüfe, ob jeder einen Beitrag leistet. Introvertierte warten wahrscheinlich, bis sie aufgefordert werden, etwas beizutragen.
- Bitte stille Teammitglieder darum, ihre Meinung zu äußern.
- Dominiere das virtuelle Meeting nicht zu sehr. Nimm eher einen partizipativen Modus ein, um anderen die Möglichkeit zu geben, zu glänzen. Lass jedes Teammitglied abwechselnd das Meeting leiten.
- Achte auf Fehlverhalten, wie zum Beispiel gegenseitiges Unterbrechen.
- Ermutige das Team, unterschiedliche Meinungen zu teilen. Bitte einzelne Teammitglieder unterschiedliche Perspektiven einzunehmen.
- Lass das Team wissen, dass Konflikte in Ordnung sind. Erkläre zu Beginn einer Besprechung offen, dass du die Meinung aller hören möchtest, dass Teambesprechungen eine Gelegenheit sind, Meinungsverschiedenheiten zu diskutieren.
- Sei optimistisch. Lass nicht zu, dass in den Teammeetings nur Probleme gewälzt werden. Trainiere das Team, auch über Lösungen zu sprechen.

Backstage 4: Ohne Vertrauen und konstruktive Feedbackkultur geht es nicht! 5 Ideen, wie du in deinem Alltag daran arbeiten kannst

Weltweit existiert der Wunsch nach eigenverantwortlichen Mitarbeitenden, die ergebnisorientiert denken und handeln. Doch dieser Wunsch ist nur zu realisieren, wenn die Entwicklung eines Teams ganz woanders beginnt. Wir haben für diese Zwecke die fünf Dysfunktionen eines Teams nach Patrick Lencioni etwas abgewandelt.

In der Realität erleben wir immer noch virtuelle Teams, in denen die Bereitschaft zur Offenheit fehlt. Dies zeigt sich darin, dass in Meetings die Kamera gerne ausgeschaltet bleibt oder der virtuelle Hintergrund Einblick in das eigene Umfeld nicht zulässt. Fehler werden nicht offen angesprochen, sondern vertuscht. Das können kleine Zeichen dafür sein, dass dem virtuellen Team Vertrauen fehlt.

Auch Meinungsverschiedenheiten werden im virtuellen Raum nicht oder nicht konstruktiv ausgetauscht. Es fehlt meist der offene Austausch über unterschiedliche Standpunkte, der gleichzeitig so wichtig ist.

Dieser Mangel an Vertrauen und konstruktivem Austausch führt zu einem Rückgang des Engagements und der Verbindlichkeit der beteiligten Personen. Die Teammitglieder laufen mit dem Strom und täuschen selbst während des Meetings Zustimmung vor. Damit sind wir weit entfernt von Verbundenheit, denn jeder macht sein eigenes Ding.

Wollen wir unser virtuelles Team zu einem High Performing Team verändern, wäre es also clever, auf der niedrigsten Ebene zu starten – also auch im virtuellen Raum an vertrauensbildende Maßnahmen zu denken und eine konstruktive Konfliktkultur zu entwickeln. Das tun wir nicht einmalig. Es ist eine kontinuierliche begleitende Arbeit. Die folgenden fünf Ideen unterstützen dich dabei.

Fünf Ideen, mit denen du dein virtuelles Team zum virtuellen High Performance Team entwickeln kannst:

1. Die Teammitglieder entwickeln Vertrauen und stellen virtuelle Nähe her

Das Team nähert sich menschlich an. Das Wir-Gefühl wird damit gestärkt. Du machst bereits regelmäßig virtuelle Dailys oder Weeklys? Prima! Dann nimm dir beim nächsten Mal zehn Minuten Zeit für diese Übung. Du notierst auf einem Whiteboard drei Fragen:

- *Was hat mich gestern beunruhigt?*
- *Wofür war ich gestern dankbar?*
- *Wer ist heute mein Krisen-Hero?*

2. Die Teammitglieder haben den Mut, Konflikte auszutragen, um Ideen und Innovationen Raum zu geben

Ganz egal, ob es um fachliche oder zwischenmenschliche Themen geht. Bereite auf einem Whiteboard eine Skala von 0 bis 10 vor (0 = es gibt kein Konfliktpotenzial, 10 = sehr starkes Konfliktpotenzial). Erkläre deinem Team diese Skala und bitte die Teammitglieder um ihr Rating. Im nächsten Schritt bittest du dein Team, die Konfliktthemen auf virtuelle Sticky Notes zu notieren. Anschließend tauscht ihr euch dazu aus. Lösungsorientierte Fragen helfen dir nun, konkrete Veränderungsmaßnahmen zu definieren. Beispielsweise: *„Peter, was müssten wir als Team tun, um dein Konfliktthema XY von einer 9 auf eine 5 zu bekommen?"*

3. Die Teammitglieder verpflichten sich selbst und erhöhen ihr Engagement

Aufgaben bleiben auch virtuell immer wieder an den gleichen Menschen hängen oder werden nicht erledigt. Nimm dir ein kritisches Projekt, das unbedingt vorangetrieben werden muss. Notiere vor deinem virtuellen Meeting alle zu erledigenden Aufgaben auf Sticky Notes und mach sie auf einem Whiteboard sichtbar. Im Meeting fragst du nun: *„Wer möchte welchen Beitrag zu den einzelnen Aufgaben leisten?"* Die Teammitglieder schreiben nun ihre Ideen dazu auf. Jedes Teammitglied erhält seine eigene Farbe. Damit machst du die Energieverteilung im Team sichtbar. Du wertest nun das Gesamtbild aus. Das Commitment wird erhöht. Auf der Metaebene kannst du die Frage klären: *„Wie können wir als Team das Commitment aller Teammitglieder erhöhen?"* Die Arbeit mit einem Scrum Board oder Kanban Board erhöht die Selbstverpflichtung.

4. Die Teammitglieder ziehen einander zur Verantwortung und definieren Standards und Verantwortlichkeiten

Für diesen Schritt ist eine Transparenz zu Rollen und Schnittstellen entscheidend. Damit besteht auch Transparenz bei den Aufgaben. Regelmäßigem Feedback kommt bei dem Thema Verantwortung stärken eine wichtige Rolle zu. Schließe dich selbst nicht aus. Erwähne das auch deinem Team gegenüber. Das Feedback sollte nicht nur durch dich, sondern durch das ganze Team erfolgen. Notiere diese beiden Fragen auf ein Whiteboard.

- *Wer hat welchen Beitrag zu unserem Vorankommen geleistet? Warum? Womit?*
- *Von wem aus unserem Team hätten wir mehr Zuarbeit benötigt? Welche? Wofür?*

5. Die Teammitglieder handeln ziel- und ergebnisorientiert

Sobald Menschen verstehen, welchen Beitrag sie zu einem übergeordneten Ziel leisten, erhöht das deren Motivation. Das setzt voraus, dass die große Richtung klar ist und die Ziele im Gesamten abgestimmt sind. Um diese Zielorientierung aufzubauen, kannst du deinen Teammitgliedern folgende Fragen stellen:

- *„Welchen Beitrag leistet dein Vorschlag zu unserem übergeordneten Ziel?"*
- *„Wie hast du mit dieser erledigten Aufgabe auf unser Teamziel hingewirkt?"*

Im Übrigen wird oftmals viel diskutiert und wenig umgesetzt. Daher ist die erste Frage auch sehr gut für hitzige Teammeetings geeignet und einschwören auf ein übergeordnetes Ziel.

#1 Komplexität reduzieren – unser „Code of Collaboration"

Ziel: Die Komplexität virtueller Zusammenarbeit ist von unterschiedlichen Faktoren abhängig. Ziel ist, eine gemeinsame Einschätzung der Komplexität zu finden, um anschließend zu einem guten „Code of Collaboration" zu gelangen. Folgende neun Faktoren beeinflussen die Komplexität der virtuellen Teamarbeit:

- Umfang der Arbeitsbeziehungen
- geografische Streuung
- unterschiedliche Zeitzonen
- Anzahl der Sprachen
- interkulturelle Unterschiede
- unterschiedliche Rechtsgrundlagen (Arbeitszeitgesetze)
- Effektivität vorhandener Kommunikationstechnologie
- vorhandenes Budget (Geld und Zeit, um Face-to-Face-Meetings zu arrangieren)
- Erfahrung der Teammitglieder in der virtuellen Teamarbeit

Zeitbedarf: 30 Minuten

Virtuelle Ressourcen: virtuelles Teammeeting, virtuelles Whiteboard

Vorbereitung: Du bereitest ein virtuelles Whiteboard mit den unterschiedlichen Faktoren vor.

- **Umfang der Arbeitsbeziehungen**

Heutzutage arbeiten wir in dynamischen Matrixorganisationen zusammen. Die Anzahl der Personen, mit denen wir interagieren, hat einen maßgeblichen Einfluss auf die Komplexität der Zusammenarbeit. Bitte schätze selbst ein, wie der Umfang deiner Arbeitsbeziehungen ist.

Score 0: Die Anzahl der signifikanten Arbeitsbeziehungen ist null oder eine Person.

Score 1: Die Anzahl der signifikanten Arbeitsbeziehungen umfasst zwei bis drei Personen.

Score 2: Die Anzahl der signifikanten Arbeitsbeziehungen umfasst vier, fünf oder sechs Personen.

Score 3: Die Anzahl der signifikanten Arbeitsbeziehungen umfasst sieben, acht oder neun Personen.

Score 4: Die Anzahl der signifikanten Arbeitsbeziehungen umfasst zehn, elf oder zwölf Personen.

Score 5: Die Anzahl der signifikanten Arbeitsbeziehungen umfasst mehr als zwölf Personen.

- **Geografische Verteilung**

Dieser Faktor bezieht sich auf die Entfernung der einzelnen Arbeitsorte zueinander. Je größer die Entfernung, desto komplexer wird die Situation.

Score 0: Die Teammitglieder befinden sich alle am selben Ort oder in der gleichen Stadt.

Score 1: Die Teammitglieder befinden sich alle im selben Bundesland, zum Beispiel Bayern.

Score 2: Die Teammitglieder befinden sich im selben Land, aber in unterschiedlichen Bundesländern.

Score 3: Die Teammitglieder befinden sich in unterschiedlichen Ländern, aber in der gleichen Wirtschaftsregion, zum Beispiel Europa.

Score 4: Die Teammitglieder befinden sich in unterschiedlichen Ländern und internationalen Regionen.

Score 5: Die Teammitglieder sind weltweit verstreut, auf allen Kontinenten.

- **Zeitzonen**

Dieser Faktor beinhaltet die unterschiedliche Anzahl von Zeitzonen, zwischen denen kommuniziert werden muss, um mit den Teammitgliedern in Kontakt zu bleiben.

Score 0: Die Teammitglieder befinden sich in der gleichen Zeitzone.

Score 1: Die Teammitglieder befinden sich in zwei Zeitzonen.

Score 2: Die Teammitglieder befinden sich in drei oder vier Zeitzonen.

Score 3: Die Teammitglieder befinden sich in fünf oder sechs Zeitzonen.

Score 4: Die Teammitglieder befinden sich in sieben Zeitzonen.

Score 5: Die Teammitglieder befinden sich in mehr als sieben Zeitzonen.

- **Anzahl der Sprachen**

Hier geht es um die Anzahl der unterschiedlichen Muttersprachen im Team.

Score 0: Alle Teammitglieder haben die gleiche Muttersprache.

Score 1: Es existieren zwei oder drei unterschiedliche Muttersprachen.

Score 2: Es existieren vier oder fünf unterschiedliche Muttersprachen.

Score 3: Es existieren sechs unterschiedliche Muttersprachen.

Score 4: Es existieren sieben unterschiedliche Muttersprachen.

Score 5: Es existieren mehr als sieben unterschiedliche Muttersprachen.

- **Anzahl der unterschiedlichen Kulturen im Team**

Die Anzahl der unterschiedlichen Kulturen kann anders sein als die Anzahl der unterschiedlichen Muttersprachen im Team. Beispielsweise sprechen Australier, Engländer und Amerikaner Englisch. Die Anzahl der Kulturen beträgt jedoch drei.

Score 0: Im Team ist nur eine Nationalität vertreten.

Score 1: Im Team sind zwei oder drei unterschiedliche Nationalitäten vertreten.

Score 2: Im Team sind vier oder fünf unterschiedliche Nationalitäten vertreten.

Score 3: Im Team sind sechs unterschiedliche Nationalitäten vertreten.

Score 4: Im Team sind sieben unterschiedliche Nationalitäten vertreten.

Score 5: Im Team sind mehr als sieben unterschiedliche Nationalitäten vertreten.

- **Unterschiedliche Rechtsgrundlagen (Arbeitszeitgesetze)**

Die unterschiedlichen Rechtsvorschriften können die virtuelle Führungssituation sehr komplex machen. Das können unterschiedliche Rechtsvorschriften, Steuervorschriften, unterschiedliche Geschäftsethiken sein. Je größer die Anzahl der unterschiedlichen Rechtsvorschriften, desto komplexer wird die Führungssituation.

Score 0: Es handelt sich nur um ein Land. Die Rechtsvorschriften sind identisch.

Score 1: zwei oder drei Länder

Score 2: vier oder fünf Länder

Score 3: sechs Länder

Score 4: sieben Länder

Score 5: mehr als sieben Länder

- **Effektivität vorhandener Kommunikationstechnologie**

Die virtuelle Zusammenarbeit basiert sehr stark auf Technologie. Wenn die vorhandene Technologie funktioniert und das Team bei dessen Zielerreichung unterstützt, ist alles prima. Jedoch entspricht das leider nicht immer der Realität. Es geht nicht darum, das Beste zu haben. Es geht vielmehr darum, dass die Technologie, die vorhanden ist, dem Team eine effiziente und effektive Kommunikation ermöglicht.

Score 0: Die vorhandene Kommunikationstechnologie ist extrem gut. Die Systeme laufen problemlos und werden sehr gut gewartet.

Score 1: Die vorhandene Kommunikationstechnologie ist sehr gut. Die Systeme laufen sehr gut. Probleme sind eher selten.

Score 2: Die vorhandene Technologie ist gut und grundsätzlich effektiv in der Nutzung. Aber gelegentlich wird neuere Technologie benötigt.

Score 3: Die Technologie ist nicht ausreichend. Es gibt regelmäßig Probleme, die die Kommunikation behindern.

Score 4: Die Technologie ist ungenügend. Es gibt mindestens einmal wöchentlich Probleme, die die Kommunikation behindern.

Score 5: Die Technologie ist mangelhaft. Es gibt fast täglich Probleme in der Anwendung.

- **Vorhandenes Budget (Geld und Zeit, um Face-to-Face-Meetings zu arrangieren)**

Auch für Remote Teams ist es wichtig, persönliche Treffen in ausreichender Zahl zu haben. Dies unterstützt die Bindung im Team und stellt Möglichkeiten der Problemlösung bereit. Innovationen können leichter erreicht werden. Die Häufigkeit der Treffen ist abhängig von der Art der Arbeit, der Qualität der Beziehungen und der benötigten Unterstützung.

Score 0: Du glaubst, die Anzahl der Face-to-Face(F2F)-Meetings ist mehr als ausreichend.

Score 1: Die Anzahl der F2F-Meetings ist größtenteils ausreichend.

Score 2: Die Anzahl der F2F-Meetings ist grundsätzlich ausreichend.

Score 3: Die Anzahl der F2F-Meetings ist teilweise unbefriedigend.

Score 4: Die Anzahl der F2F-Meetings ist größtenteils unbefriedigend.

Score 5: Die Anzahl der F2F-Meetings ist komplett unbefriedigend.

- **Erfahrung in der virtuellen Zusammenarbeit**

Erfolgreiche Zusammenarbeit ergibt sich oftmals aus der Erfahrung der Teammitglieder. Sie wird mit zunehmender Erfahrung immer besser.

Score 0: mehr als sieben Jahre Erfahrung

Score 1: fünf bis sieben Jahre Erfahrung

Score 2: drei bis fünf Jahre Erfahrung

Score 3: zwei bis drei Jahre Erfahrung

Score 4: ein bis zwei Jahre Erfahrung

Score 5: weniger als ein Jahr Erfahrung

Beispielboard

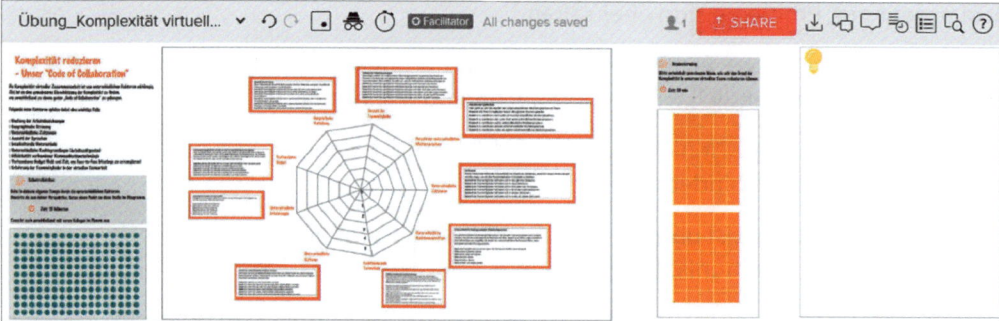

Durchführung:

1. Du stellst kurz den Hintergrund der Übung vor.
2. Selbstreflexion: Jeder Teilnehmer geht in seinem eigenen Tempo durch die Faktoren und bewertet diese aus *seiner Perspektive*. Dazu nutzen die Teammitglieder die blauen Punkte. Nach 15 Minuten tauschen sich die Teammitglieder über ihre Einschätzung aus.
3. Abschließend entwickelt das Team gemeinsam Ideen, wie die Komplexität der virtuellen Zusammenarbeit reduziert werden kann. Das Ergebnis wird dann im Virtual Code of Collaboration zusammengefasst.

Backstage 5: Virtual Code of Collaboration – die Grundlage virtueller Zusammenarbeit

Der Virtual Code of Collaboration regelt die Zusammenarbeit im virtuellen Team. Was müsste deiner Meinung nach geregelt werden?

Richtig! Die virtuelle Kommunikation. Daran denken die meisten. Doch das allein reicht nicht aus, um virtuell erfolgreich zusammenzuarbeiten. Folgende Fragen sollten in einem virtuellen Team geklärt sein:

- **Virtuelle Kommunikation: Welche Spielregeln wollen wir uns für unsere virtuelle Kommunikation geben?**
  In einem verteilten Team arbeiteten Kollegen aus Europe, China und den USA zusammen. In der Kommunikation gab es immer wieder Missverständnisse. Die Kollegen aus Europa und den USA warfen den Kollegen aus China vor, nicht proaktiv und schnell genug zu informieren. Laut ihrer Aussage hatten sie mit Jabber (Messaging Tool) doch beste Möglichkeiten dazu. Die chinesischen Kollegen waren erstaunt. Sie kannten Jabber nicht.
  Was war passiert? Das Instant Messaging Tool in China ist WeChat. In China werden auch Projektakquisen über WeChat gemacht. Andere Instant Messaging Tools werden dort nicht genutzt.
  Es *können Spielregeln in der Kommunikation* vereinbart werden, zum Beispiel welcher Kanal wofür genutzt werden soll, welche Regeln zur Netiquette gelten und auf welche *Antwortfrequenz* man sich in der Regel einigen kann (z. B. E-Mails mindestens zweimal am Tag checken und innerhalb von 24 Stunden beantworten).
- **Virtuelles Wissensmanagement: Wie wollen wir virtuell unser vorhandenes Wissen teilen?**
  Wissensarbeiter wollen selbstbestimmt und autonom arbeiten. Sie fordern den nötigen Freiraum. Gerade in verteilten Teams spielt das Organisieren von vorhandenem Wissen eine große Rolle. Wir können nicht so leicht unseren Kollegen an der Kaffeemaschine um Rat fragen.
- **Virtuelle Entscheidungsfindung: Wie sollen virtuell Entscheidungen im Team getroffen werden?**
  Entscheidungen sind immer mit Unsicherheit verbunden. Es gibt oftmals keine Möglichkeit, diese zu ändern. Geklärt wird hier konkret, wer welche Entscheidungen trifft und wer in welcher Form an einer Entscheidung mitwirkt.

- **Virtuelle Problemlösung: Wie wollen wir virtuell mit auftretenden Problemen oder Herausforderungen umgehen?**
  Virtuelle Teammitglieder sind es gewohnt, eigenständig nach Lösungen zu suchen. Bei der virtuellen Problemlösung wird vorrangig die gemeinsame Lösung von Problemen und Herausforderungen betrachtet.
- **Virtuelles Aufgabenmanagement: Wie werden virtuell Aufgaben verteilt und bearbeitet?**
  Das virtuelle Durchsprechen ewig langer List-of-open-Points (LOP) langweilt jedes Teammitglied und ist auch nicht besonders effizient. Virtuelle Teams benötigen ein transparentes und zuverlässiges Aufgabenmanagement. Digitale Aufgabenboards könnten das Aufgabenmanagement deutlich einfacher gestalten. Kläre es mit deinem Team.

Diese Fragen können erst sinnvoll beantwortet werden, wenn jedem Team die Komplexität des eigenen virtuellen Teams bekannt ist.

Mach gerade in der Anfangsphase eurer virtuellen Zusammenarbeit den Code of Collaboration regelmäßig zum Thema. Diskutiere einmal pro Woche mit deinem Team eine der nachfolgenden Fragen und findet einen gemeinsamen Konsens dafür:

- Wie erhalten wir unsere Arbeitseffizienz und Arbeitseffektivität im Team?
- Wie blicken wir zurück oder bewerten wir unsere virtuelle Zusammenarbeit im Team?
- Wie gehen wir mit aufgabenbezogenen Problemen im virtuellen Raum um?
- Wie erkennen wir aktuelle Probleme im Team?
- Wie arbeiten wir zusammen, um geeignete Lösungen für identifizierte Teamprobleme zu finden?
- Wie lösen wir Konflikte, die im virtuellen Raum entstehen?
- Wie sorgen wir für ein positives soziales Klima sowie für das Wohlbefinden der Teammitglieder?
- Wie gestalten wir unsere virtuelle Teamkultur?
- Wie können wir als Team die Krise als Chance nutzen?
- Welche Zukunftsaussichten für die Zeit nach der Corona-Krise sind für uns hilfreich?
- Wie können wir dazu beitragen, die Zukunft so zu gestalten, dass sie für uns attraktiv ist, und zwar schon jetzt?

Du kannst das Team einladen, diese Fragen in kleinen Break-out-Räumen zu diskutieren. Du kannst auch die eine oder andere Übung damit kombinieren, um die Bedeutung der Fragen zu unterstreichen. Somit hast du in zehn Wochen (eine Frage pro Woche) eine tolle Grundlage für eure virtuelle Zusammenarbeit geschaffen.

Eventkalender

#2

Ziel: In verteilten Teams können nicht immer alle Teammitglieder zu jedem Team- oder Unternehmensevent reisen. Das führt oft dazu, dass sich diese Teammitglieder ausgeschlossen fühlen, dass sie keine Lessons Learned anderer Kollegen mitbekommen oder sich vernetzen können.

Erstelle daher einen Kalender mit allen Events des Unternehmens, deiner Abteilung oder des Teams.

Zeitbedarf: je nach Aufwand

Anzahl der Personen: Die Anzahl der Teilnehmer ist unbegrenzt.

Virtuelle Ressource: ein gemeinsamer Kalender, beispielsweise in Outlook

Vorbereitung: Erstelle daher einen Kalender mit allen Events des Unternehmens, deiner Abteilung oder des Teams.

Dreh ein Video von der Veranstaltung mit deinem Handy oder bitte ein Teammitglied, ein Video zu drehen. Veröffentliche das Video in eurem Team-Channel.

Biete nach jedem Event ein Debriefing an und den Teammitgliedern die Möglichkeit, sich darüber auszutauschen.

Meine Kultur, deine Kultur – Kultur als Erfolgsfaktor?

#3

Ziel: Teammitglieder in Remote Teams haben häufig unterschiedliche kulturelle Herkünfte. Die kulturellen Unterschiede finden oft nicht ausreichend Beachtung und können dennoch die Zusammenarbeit enorm beeinflussen. Gerade zu Beginn einer internationalen Zusammenarbeit ist es wichtig, die Teammitglieder für interkulturelle Besonderheiten zu sensibilisieren.

Zeitbedarf: ca. 30 Minuten

Anzahl der Personen: bis zu 100 Teilnehmer

Virtuelle Ressourcen: Break-out-Sessions (ca. 10 Teilnehmer pro Break-out-Session), Tool für virtuelles Brainstorming (z. B. Mural)

Vorbereitung: Die Break-out-Sessions werden vorbereitet. Die Teilnehmer sind den einzelnen Räumen bereits zugeordnet. Die Aufgabenstellung wird auf einem Template vorgestellt. Für das abschließende Brainstorming wird ein Ideenblatt vorbereitet und in den Gruppen verteilt.

Durchführung: Zu Beginn kannst du mit einem der beiden Videos einsteigen und hast damit schon den Einstieg in das Thema geschaffen.

- „Ja" ist nicht gleich „Ja" – was das indische Nicken bedeutet: https://www.youtube.com/watch?v=0RaBxH_MKQI

- Kulturelle Etikette – Mr. Baseball:
  https://www.youtube.com/watch?v=bdeFdFEbuqk

Anschließend diskutieren die Teilnehmer folgende Fragestellungen:

1. **„Wie viele Menschen aus unterschiedlichen Kulturen habe ich in den letzten vier Wochen getroffen?"**
   Die Teilnehmer diskutieren diese Frage und halten die geringste und die höchste Anzahl für den letzten Monat fest. Vertiefend können Sie nun folgende Frage besprechen: *„Welchen Einfluss hatte das auf meine tägliche Arbeit?"*
   Vielleicht sind die Teilnehmer der Meinung, dass sie bislang nicht so viele fremde Kulturen erlebt haben. Doch schon im Supermarkt um die Ecke können wir in zehn Minuten zehn Menschen mit unterschiedlicher kultureller Herkunft treffen.

2. **„Hast du schon einmal einen interkulturellen Schock erlebt? Wenn ja, welchen?"**
   Erkläre den Teilnehmern, dass es nicht nötig ist zu reisen, um einen interkulturellen Schock zu erleben. Häufig kann das schon während der täglichen Arbeit im Unternehmen oder im Team passieren.
   Bitte die Teilnehmer, über ihren größten interkulturellen Schock zu berichten. Anschließend wählt jede Gruppe die besten drei Ergebnisse und stellt sie im Plenum vor.

3. **„Was können wir tun, um in unserem Team für diese Unterschiede sensibilisiert zu werden?"**
   Die Teilnehmer führen ein virtuelles Brainstorming (z. B. mit Mural) durch und halten ihre Ergebnisse schriftlich fest.

#4 140 Zeichen Vorstellung

Ziel: In der Kürze liegt die Würze. Analog zur maximalen Länge eines Tweets (140 Zeichen) stellen sich die Teammitglieder gegenseitig vor. Sie hatten bereits vor dem ersten virtuellen Meeting telefonischen Kontakt.

Zeitbedarf: 10–20 Minuten

Anzahl der Personen: jeweils zwei Paare

Virtuelle Ressourcen: Mobiltelefon, virtueller Konferenzraum

Vorbereitung: Vor dem ersten virtuellen Meeting bilden sich Paare. Die Kollegen lernen sich in einem ersten Telefonat kennen. Das Ziel des Telefonats ist, den Kollegen kennenzulernen und eine Vorstellung von ihm mit 140 Zeichen zu schreiben.

Durchführung: Während des virtuellen Meetings stellen die Kollegen ihren Partner anhand eines 140 Zeichen langen Tweets vor. Die Tweets können auch im virtuellen Teamraum hinterlegt werden.

Rollen und Schnittstellen – Klarheit für die eigene Rolle #5

Ziel: Ziel ist es, ein Bewusstsein für die eigene Rolle zu schaffen und damit auch eine tiefere Erwartungsklärung im Team durchzuführen. Die Rollen sollen nicht nur dem Rolleninhaber, sondern auch allen anderen Teammitgliedern bekannt sein. Dadurch lassen sich später Missverständnisse und Konflikte vermeiden. Vor allem verändern sich die Rollen auch im Zeitverlauf.

Zeitbedarf: ca. 60–90 Minuten

Anzahl der Personen: bis zu 15 Teilnehmer

Virtuelle Ressourcen: Break-out-Sessions (ca. 10 Teilnehmer pro Break-out-Session), virtuelles, interaktives Board (z. B. Mural)

Vorbereitung: Es werden so viele Break-out-Sessions eingerichtet, wie es Rollen im Team gibt. Wichtig: Es wird ein virtuelles Board für jede Rolle eingerichtet. Auf dem Board befinden sich folgende Fragen:

- Was soll mit dieser Rolle im Team erreicht werden?
- Was sind die fünf Kernaufgaben dieser Rolle?
- Was kann und darf dieser Rolleninhaber entscheiden?
- Vom wem benötigt der Rolleninhaber Informationen?
- Wen muss der Rolleninhaber informieren?

Ausschnitt eines vorbereiteten Whiteboards

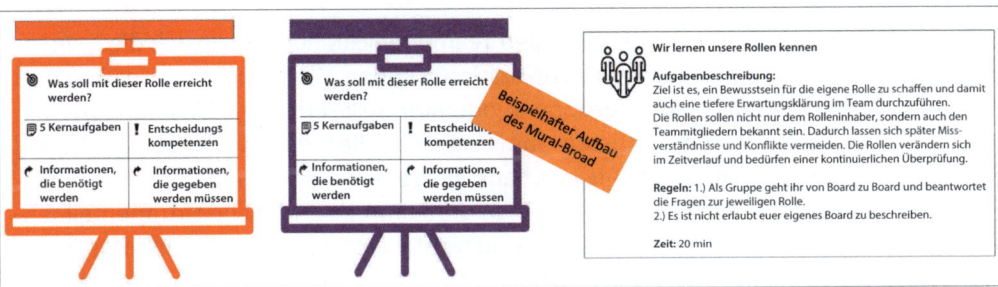

Durchführung: Zu Beginn führst du in die Übung ein:

„Wir möchten gerne Klarheit für die einzelnen Rollen im Team erreichen, um Missverständnisse und Konflikte zu vermeiden. Daher haben wir genauso viele Break-out-Sessions eingerichtet, wie wir Rollen im Team haben. In jedem Raum befindet sich der Link zu einem Mural Board. Auf den Boards findet ihr folgende Fragen:

- *Was soll mit dieser Rolle im Team erreicht werden?*
- *Was sind die fünf Kernaufgaben dieser Rolle?*
- *Was kann und darf dieser Rolleninhaber entscheiden?*
- *Vom wem benötigt der Rolleninhaber Informationen?*
- *Wen muss der Rolleninhaber informieren?*

Bitte geht in eurem eigenen Tempo durch die Break-out-Räume und beantwortet die Fragen, indem ihr Post-its schreibt, und notiert bitte auch eure Initialen auf eure Post-its. Trefft ihr auf einen Kollegen, dann tauscht euch gerne aus. Wichtig ist nur, dass ihr nicht zu eurer eigenen Rolle springt. Das kommt später. Ihr habt dafür 30 Minuten Zeit."

Nun startet die Übung. Nach Ablauf der Zeit geht der Rolleninhaber zu dem Break-out-Room mit seiner Rolle und liest die Antworten seiner Kollegen durch. Er reflektiert dabei folgende Fragen:

- Wo stimme ich zu?
- Wo stimme ich nicht zu? Und warum?

Nun werden im Hauptraum die einzelnen virtuellen Boards, Mural Boards, vorgestellt. Übereinstimmungen und unterschiedliche Meinungen werden ausgetauscht und die weitere Ausgestaltung der Rollen verhandelt.

Sobald eine Einigung gefunden wurde, werden die einzelnen Boards als Grundlage der weiteren Zusammenarbeit am zentralen Speicherort veröffentlicht.

Backstage 6: Beam me up, Scotty! Oder wie du sicher eine virtuelle Gruppenarbeit gut einführst

Bei einer meiner ersten virtuellen Teamentwicklungen wollte ich die Teilnehmer in acht virtuelle Break-out-Sessions senden. Was ich leider vergaß, war zu erwähnen, dass die Teilgruppenmoderatoren die erhaltene Einladung bestätigen und annehmen müssen. Somit starteten die Break-out-Sessions nicht und die Gruppenarbeit endete im Chaos: Einige Teilgruppenmoderatoren nahmen die Einladung an und gelangten in die Teilgruppe. Manche Gruppenteilnehmer konnten nicht sprechen, da sie nicht wussten, wie sie ihr Mikrofon in der Gruppenarbeit laut stellen (unmuten) können. Die Anforderung, dass alle Ergebnisse auf ein Whiteboard notiert werden sollten, wurde nicht ausgeführt, da den Gruppen nicht bekannt war, dass nur die Teilgruppenmoderatoren ein Whiteboard eröffnen können. Das wiederum führte dazu, dass zeitgleich mehrere Hände auf der Teilnehmerliste erschienen und mich um Hilfe baten. Ich nahm das zum Anlass, um über den Ablauf und die Hinführung zur virtuellen Kleingruppenarbeit nachzudenken.

Daraus habe ich eine „Break-out-Etikette" entwickelt:

Bevor du die Teilnehmer „wegbeamst", bereite sie auf das vor, was sie erwartet:

Technische Vorbereitung der Break-out-Session:

- Teile deinen Bildschirm und zeige den Teilnehmern, wie beispielsweise die Kanäle in MS Teams aussehen.
- Alternativ kannst du Screenshots aus der Ansicht der Teilnehmer teilen und erklären, wie die virtuelle Gruppenarbeit technisch abläuft.
- Bestimme die Teilgruppenmoderatoren **und** stelle sie kurz im Plenum vor.
- Erwähne, welche Rechte die Teilgruppenmoderatoren technisch haben.
- Demonstriere anhand von Screenshots, wie sich die Teilnehmer in der Break-out-Session laut stellen können.
- Vergewissere dich mündlich, dass alle wissen, was zu tun ist.
- Sobald die Break-out-Session gestartet ist, spring in die einzelnen Räume, um nachzusehen, ob die Teilnehmer sicher angekommen sind.
- Wichtig: Wenn du in einen virtuellen Gruppenraum springst, mach dich aus Respekt vor deinen Teilnehmern mit **Kamera und Stimme bemerkbar.** Deine Teilnehmer könnten in einem vertraulichen Gespräch sein.

Inhaltliche Vorbereitung der Break-out-Session:

- Teile den konkreten Arbeitsauftrag im Plenum.
- Gib den zeitlichen Rahmen vor.
- Erwähne und zeige, wo die entsprechenden Arbeitsdokumente zu finden sind und wie sie heruntergeladen werden können.
- Beschreibe, wo die Dokumente nach erfolgreicher Bearbeitung gespeichert oder wie die Inhalte anderweitig geteilt werden sollen.

Vermutlich denkst du jetzt, dass das viel Zeit kostet. Und ja – das ist richtig. Allerdings ist die Zeit gut investiert. Du schaffst damit Transparenz bei der Aufgabenstellung und vor allem auch Sicherheit bei den Teilnehmern. Planst du mehrere Break-out-Sessions in einer virtuellen Teamentwicklung, laufen die anderen Wechsel reibungslos. Damit „beamst" du deine Teilnehmer sicher in den virtuellen Gruppenraum und holst sie auch sicher wieder zurück.

#6 Teamgeist: Wie sieht unser Teamgeist eigentlich aus?

Ziel: Das Wort „Teamgeist" wird gerne verwendet, um Gemeinsamkeiten im Team aufzuzeigen oder die Teamidentität hervorzuheben oder zu erzeugen. Selten wird im Team darüber gesprochen, was Teamgeist im eigenen Team bedeutet, woran ich den Teamgeist erkenne oder wie er aussieht. Für Remote Teams ist es besonders schwierig, da sie oft nicht denselben quantitativen Austausch haben wie Teams, die sich regelmäßig sehen.

Das Ziel der Übung ist, gemeinsames Verständnis über den eigenen Teamgeist zu entwickeln, der alle Facetten des Teams abdeckt und zu dem alle Ja sagen können.

Zeitbedarf: ca. 90 Minuten

Anzahl der Personen: bis zu 20 Teilnehmer

Virtuelle Ressourcen: Break-out-Sessions (ca. 10 Teilnehmer pro Break-out-Session), Tool für virtuelles Brainstorming (z. B. Mural, Miro), Tool für Bewertungen (z. B. Mentimeter)

Physische Ressourcen: DIN-A4-Papier und Farbstifte

Vorbereitung: Es gibt vier Arbeitsschritte:

1) Zeichnen
2) Vorstellen der Zeichnung
3) Was habe ich gehört? Welche Information war neu für mich? Welche bestätigend?
4) Reflexion

Teile größere Gruppen in virtuelle Kleingruppen auf.

Bereite für die Break-out-Session zwei virtuelle Whiteboards vor. Richte einen Bereich ein, in den die Teilnehmer ihre gezeichneten Bilder hochladen können. Definiere vier Spalten mit den Überschriften: Aussehen, Wirkung, Eigenschaften und Fähigkeiten.

Durchführung: Anmoderation: *„Jedes Team hat einen Teamgeist, manchmal ist er schwer zu sehen und manchmal drängt er sich richtig auf. Heute wollen wir herausfinden, wie unser Teamgeist aussieht. Dafür nimmt sich jeder ein Blatt Papier zur Hand und zeichnet den Teamgeist, so wie er ihn sieht. Was zeichnet den Teamgeist aus? Welche Fähigkeiten hat er? Woran erkenne ich den Teamgeist?"*

Folgende Schritte werden in der Gesamtgruppe bearbeitet:

1. *„Zeichne einen Teamgeist, wie du ihn aktuell siehst, und ergänze diesen mit passenden Attributen"* (10 Minuten). Die Teilnehmer laden anschließend das Bild ihres Teamgeists auf das vorbereitete Whiteboard.

2. Vorstellen des Teamgeists (30 Minuten):
   Jedes Teammitglied stellt nun den Teamgeist vor. Die anderen Teammitglieder hören aufmerksam zu. Nach jeder Vorstellung notieren sie ihre Ideen in die einzelnen Spalten des Whiteboards.
   - Wie sieht der Teamgeist aus?
   - Wie wirkt der Teamgeist?
   - Welche Eigenschaften hat der Teamgeist?
   - Welche Fähigkeiten hat der Teamgeist?

Abschließend votet das Team für den passendsten Teamgeist. Ist die Gruppe größer, erfolgt das Voting in jeder Teilgruppe. Im gesamten Plenum wird dann nochmals zwischen den Teamgeistern der einzelnen virtuellen Kleingruppen abgestimmt.

Das bin ich – mein Lebensweg!   #7

Ziel: Vertrauen ist ein wesentlicher Erfolgsfaktor in der virtuellen Zusammenarbeit. Es ist unerlässlich, kontinuierlich daran zu arbeiten. Dazu gehört unter anderem, dass sich die Mitglieder in einem virtuellen Team näher und intensiver kennenlernen. Das ermöglicht ihnen, Verhaltensweisen ihrer Kollegen besser einschätzen zu können.

Zeitbedarf: ca. 60–90 Minuten bei 10 Teilnehmern

Anzahl der Personen: bis zu 10 Teilnehmer

Virtuelle Ressource: Das Chart kann auf einem interaktiven Board (z. B. Mural) oder einem Whiteboard (z. B. Microsoft Desktop Whiteboard App) erstellt werden.

Durchführung: Jeder im Team erhält die Aufgabe, einen Lebensweg zu erstellen. Diese Kurve enthält alle bisherigen Höhen und Tiefen. Dabei kann es sich sowohl um persönliche und/oder berufliche Höhen und Tiefen handeln. Auf dem Lebensweg soll ebenfalls ein Bild des Teammitglieds sein, das für diese Person wichtig ist. Das Lebenschart hat die x-Achse als Zeitachse und die Höhen und Tiefen werden auf der y-Achse dargestellt.

Zunächst trägt jeder die einzelnen Höhen und Tiefen ein. Anschließend erhält jeder Punkt eine Überschrift – wie der Titel eines Films. Ergänze neben dem Filmtitel, was dir geholfen hat, aus den Tiefen zu kommen, zum Beispiel Freude und Gespräche, und was von den Höhen zu den Tiefen geführt hat, zum Beispiel Missverständnisse. Abschließend werden alle Punkte miteinander verbunden und es entsteht ein Lebenschart. Du wirst überrascht sein, wie viel Informationen du über ein einzelnes Teammitglied erhalten kannst. Jedes Teammitglied stellt sein Lebenschart vor, während die Kollegen zuhören und anschließend Fragen stellen können.

#8 Entwickle die Stärken-Matrix

Ziel: Wir folgen dem stärkenorientierten Managementansatz. Es ist wichtig, die Stärken zu stärken, anstatt die Schwächen zu beheben. Das ist sicherlich kein neuer Ansatz. Gallup hat den Stärkenfinder 2.0 herausgegeben. Hierbei handelt es sich um einen Fragebogen mit 64 Fragen, um die wichtigsten Stärken zu ermitteln, und den dazugehörigen Entwicklungsplan. Für virtuelle Teams benötigen wir einen etwas pragmatischeren Ansatz.

Warum ist es so wichtig, die eigenen Stärken herauszufinden? Natürliche Talente unterstützen den eigenen Flow. Arbeit wird dann nicht mehr als Arbeit empfunden, sondern als Leidenschaft.

Es existieren drei verschiedene menschliche Verhaltensweisen in einem Team: Generalisten, Spezialisten und die Einfühlsamen. Generalisten haben ein breites Wissen und verstehen das große Ganze. Spezialisten haben ein tiefes Fachwissen auf einem bestimmten Gebiet. Die Einfühlsamen dagegen haben ein gutes Gespür für Emotionen im Team und können sehr gut auf einen positiven Teamspirit hinwirken.

Diese Übung kann gut nach der Übung „#7 Das bin ich – Mein Lebensweg" eingesetzt werden.

Zeitbedarf: 30–60 Minuten

Das Interview kann bilateral vor dem virtuellen Meeting durchgeführt werden, um Zeit zu sparen. Möchtest du es während des Workshops machen, dann plane für das Interview 20 Minuten ein. Die Vorstellung der beiden Stärken kann mit einer Minute pro Teilnehmer veranschlagt werden.

Anzahl der Personen: 12–20 Teilnehmer

Vorbereitung: Erstelle einen Interviewleitfaden mit den entsprechenden Fragen. Du findest sie weiter unten. Diese sendest du vorab an die Teilnehmer. Richte ein interaktives Board (z. B. Mural Board) ein. Dort können sich die Paare namentlich eintragen. Auch die Stärken und Avatare können dort visualisiert werden. Den Link zu dem Board leitest du ebenfalls vor deinem virtuellen Meeting an die Teilnehmer weiter.

Durchführung: Bitte dein Team, sich in Paare aufzuteilen. Vor eurem nächsten virtuellen Teammeeting interviewen sich die beiden Partner nach einem vorgegebenen Interviewleitfaden. Einer der beiden wird als Coach agieren. Der andere wird auf seine Fragen antworten. Anschließend tauschen sie die Rollen. Hier sind die Fragen für das Interview:

- Was fällt dir leicht?
- Was gefällt dir an deinem Arbeitsplatz?

- Was war dein bislang größter Erfolg?
- Worum bitten dich die meisten deiner Kollegen?
- Wenn ich deinen besten Freund fragen würde, was deine größte Stärke ist, was würde er mir antworten?
- Von all den Punkten, die du mir gerade genannt hast, was ist deine größte Stärke?

Nach dem Interview sagt der Coach: „Von allem, was ich gerade gehört habe, denke ich, dass deine größte Stärke […] ist." Der Coach ergänzt eine Stärke.

Am Ende des Interviews hast du zwei Stärken pro Person. Eine, die die interviewte Person selbst identifiziert hat, und eine, die der Coach identifiziert hat. Die Empfehlung ist, die beiden Stärken mit unterschiedlichen Farben zu kennzeichnen. Das Tandem sucht nun nach einem Avatar, der die genannten Stärken am besten repräsentiert. Das kann eine Comicfigur, ein Superheld, ein Prominenter oder eine Buchfigur sein. Das bringt etwas Humor und Spaß in die Aufgabe.

Anschließend trägt das Tandem die herausgearbeiteten Stärken und den Avatar in die Stärken-Matrix auf einem interaktiven Board (z. B. Mural) ein.

Im nächsten Teammeeting stellt jedes Teammitglied seine herausgearbeiteten Stärken vor. Damit wird sich jeder im Team besonders fühlen und du erhöhst die Freude an der Arbeit und damit auch die Qualität und Güte der Arbeit. Deine Mitarbeiter werden produktiver und produzieren bessere Ergebnisse.

Backstage 7: Die Kamera anzumachen ist nicht genug! Virtuell Commitment fördern

Häufig höre ich, dass sich Teammitglieder im virtuellen Raum leichter verstecken können. Führungskräfte und Coaches können Signale der Zustimmung nicht mehr wahrnehmen. Sie wissen daher oftmals nicht, ob das Team die Entscheidungen mitträgt und sich alle in die gleiche Richtung bewegen. Diese Wahrnehmung wird durch die räumliche Trennung, die erschwerten Rückmeldungen, durch die Abnahme informeller persönlicher Gespräche und durch die reduzierten nonverbalen Signale begünstigt. Oftmals erinnern sich Führungskräfte an virtuelle Situationen, in denen das Gespräch kippte oder Zeichen der Zustimmung fehlten. Unbewusst nehmen wir auch virtuell diese nonverbalen Signale auf. Doch virtuell sehen wir häufig keine Möglichkeit, darauf zu reagieren.

Doch was ist Commitment eigentlich? Der Begriff „Commitment" bedeutet wörtlich übersetzt „Bindung" oder „Verpflichtung" und beschreibt das Ausmaß der Identifikation von Mitarbeitern gegenüber der Organisation, dem Team oder den Arbeitsaufgaben.

In einem Team können wir die Zeichen der Zustimmung über die Körpersprache, die Stimme oder das ausgesprochene Commitment wahrnehmen. Doch wie funktioniert das im virtuellen Raum?

Folgendes Vorgehen hat sich bewährt:

- Nimm die Mimik und die Gestik der Teammitglieder wahr und achte auf Veränderungen (z. B. Schmunzeln, Nicken, Stirn in Falten legen, Sichzurücklehnen etc.). Manchmal passen die nonverbalen Botschaften nicht zu den verbalen Aussagen. Schärfe deine virtuellen Antennen!
- Sprich deine Wahrnehmung an: *„Was lässt dich schmunzeln?" „Worüber denkst du nach?"* etc. Damit gibst du dem Teammitglied die Möglichkeit, die eigenen Gedanken mit dem Team zu teilen.
- Erfrage proaktiv das Commitment: *„Wie denkst du darüber?" „Welche Vorteile ergeben sich daraus?" „Welche Nachteile siehst du?" „Mit welchen Hindernissen rechnest du?" „Wie möchtest du diese meistern?"* Gerade in der virtuellen Teamarbeit ist der Dialog wichtig. Durch offene Fragen erfährst du, wie das Teammitglied über eine Aufgabe, eine Entscheidung oder eine Vorgehensweise denkt. Frag proaktiv nach.

#9 Meine Wahrnehmung: Wie gut kenne ich dich?

Ziel: Wenn wir uns im Team neu begegnen oder generell Menschen zum ersten Mal begegnen, beurteilen wir diese unterbewusst sofort, zum Beispiel „Die ist mir sympathisch" oder „Der ist ja komisch". Das Ziel dieser Übung ist, diesen Filter zu nutzen, um unsere Teamkollegen kennenzulernen und unser subjektives Bild über einen Teamkollegen zu verifizieren.

Martin Seligman hat das Konzept der positiven Psychologie entwickelt. Es umfasst drei Ebenen: Tugenden, Charakterstärken und situative Themen. In Anlehnung an Seligmann und einer Übung des Instituts für systemische Beratung Wiesloch (von den Autoren Dr. A. Kannnicht und R. Klein) werden in dieser Übung nur die Überschriften der einzelnen Interessen und Charakterzüge genutzt und erlauben keine aussagefähige Analyse. Sie dienen zur Einschätzung, als Struktur und basieren auf dem Konzept der positiven Psychologie.

Zeitbedarf: 45–60 Minuten

Ein Durchgang in einer Dreiergruppenkonstellation dauert zwischen 30 und 45 Minuten. Eine Option ist, zwei Durchgänge durchzuführen.

Anzahl der Personen: 3–30 Teilnehmer

Vorbereitung: Du bereitest den Fragebogen vor. Alternativ kannst du ihn auch downloaden unter: https://nicht-aus-dem-sinn.de.

Handout: Fragebogen nach Seligman

Wie gut kennen wir uns?

Schritt A: Welche sechs Kerntugenden passen am besten zu mir?
Schritt B: Welche sechs Beschreibungen treffen am ehesten auf meine Gesprächspartner zu?
Schritt C: Tausche dich zu den Ergebnisse aus – erhalte zuerst die Sichweise der Gesprächspartner (C), bevor du deine eigenen Punkte (A) nennst.

B		Gesprächspartner	A	C	
„Ich sehe andere …"	„Ich sehe andere …"		„Ich sehe mich…"	„Ich werde gesehen…"	„Ich werde gesehen…"

Liebe und Menschlichkeit
Menschenfreundlichkeit, Großzügigkeit, Mitgefühl
Liebe, sich lieben lassen, Leidenschaft
Familie, Freundschaft, enge Beziehungen

Erfahrung und Erkenntnisse
Kritische Denkhaltung, geistige Offenheit
Kreativität, praktische Intelligenz, Innovation
Lernbegierig, persönliche Entwicklung, Bildung
Herausforderung, Neugier, Interesse für die Welt
Vorausschau, Nachhaltigkeit

Objektivität
Zusammenarbeit, Pflicht, Treue, Kooperation
Toleranz, Fairness, Ausgleich
Menschenführung
Wertschätzung, Augenhöhe, Transparenz

Furchtlosigkeit
Mut, Zivilcourage
Durchhaltekraft, Fleiß, Gewissenhaftigkeit, Qualität
Integrität, Echtheit, Ehrlichkeit, Vertrauen

Beherrschung
Selbstkontrolle, Regelung, Struktur
Vorsicht, Klugheit, Einschätzung#
Bescheidenheit, Demut

Geistigkeit und Einstellung
Dankbarkeit, Verbundenheit
Lösungen, Optimismus, Zukunftsbezogenheit
Glaube, Spiritualität, Gefühl für Lebenssinn
Vergebung, Verzeihung, Gnade walten lassen
Sinn für Schönheit, Muse
Leichtigkeit, Humor, Heiterkeit, Freude am Leben
Leidenschaft, Energie, Enthusiasmus

Durchführung: Anmoderation: *„Wir werden uns in der kommenden Übung weiter kennenlernen. Basierend auf der positiven Psychologie und unserem ausgeprägten Urteilsvermögen, werden wir uns selbst und unsere Teamkollegen einschätzen und beurteilen. Jeder von uns hat einen 7. Sinn oder macht sich unterbewusst ein Urteil über seinen Kollegen. Dieses Wissen wollen wir nun nutzen und uns besser kennenlernen.“*

In der Gruppe geht ihr wie folgt vor:

1. Zuerst füllst du die Spalte A aus. Markiere sechs Kerntugenden aus den 26 Möglichkeiten, die dir wichtig sind. Nicht mehr ankreuzen!
2. Im zweiten Schritt schreibst du deine Gruppenkollegen in die Zeilen unter B und beurteilst sie: Welche Beschreibungen, glaubst du, treffen am ehesten auf sie zu oder sind ihnen wichtig? Nochmals: Es ist deine persönliche subjektive Einschätzung. Hier gibt es kein Richtig oder Falsch!
3. Im dritten Schritt gebt ihr euch der Reihe nach Feedback, was ihr angekreuzt habt und wie ihr zu eurer Einschätzung kommt bzw. was euch dazu bewogen hat, diesen Punkt anzukreuzen. Das heißt, Person 2 und 3 gibt Person 1 Feedback. Abschließend löst Person 1 auf, was sie in Spalte A angekreuzt hat und wieso.

Achtung: Gebt Feedback bitte in „Ich-Botschaften", zum Beispiel „Ich habe dich wahrgenommen [...]" oder „Mir ist aufgefallen [...], deshalb habe ich 'x' angekreuzt".

Als Abschluss könnt ihr im Team eine kurze Reflexion machen. Was war interessant? Welche Überraschungen gab es?

 Top-Tipp!

Hast du nicht so viel Zeit zur Verfügung, können die Teammitglieder den Bogen auch offline ausfüllen. Er muss dafür lediglich an einem gemeinsamen Ort gespeichert werden und die Teamkollegen müssen darauf zugreifen können. Während des gemeinsamen Meetings geben sich die Kollegen in virtuellen Break-out-Sessions Feedback. Einfacher geht es über die Plattform Wonder me.

Backstage 8: Es muss nicht immer Mural sein!

Bleib flexibel in der Anwendung deines Tools. Wir wurden bei einem Pharmaunternehmen beauftragt, eine Teamentwicklung für eine Abteilung durchzuführen. Nachdem wir dem Kunden stolz unser Vorgehen präsentiert hatten und tolle Mural Boards erstellt hatten, sagte er: „Das ist bei uns leider nicht erlaubt!" Wir fielen aus allen Wolken, hatten wir doch so tolle Boards vorbereitet.

Daher bleib flexibel und hab immer eine Alternative an der Hand.

Anstelle eines Mural Boards für Gruppenarbeit eignen sich auch andere Boards wie Miro oder Nexboard. Auch Word-Dokumente oder PowerPoint-Folien kannst du nutzen. Eine weitere Möglichkeit könnte ein geteiltes Dokument via Google Docs oder Microsoft OneNote sein. Bleib flexibel! Die Plattform könnte auch an dem Tag der Teamentwicklung ein Performanceproblem haben.

Kameradschaft: Wie bringe ich mein Team weiter? #10

Ziel: In der Startphase eines Teams sind meistens alle begeistert und in Aufbruchstimmung, in einer Art Flitterwochen. Bereits in dieser Phase bietet es sich an, über Zeiten zu sprechen, die nicht so rosig laufen werden. Ziel dieser Übung ist es, Erwartungshaltungen zu klären und mögliche Handlungsoptionen entlang der Teamphasen zu definieren und zu besprechen – zum einen aus der Sicht des Teammitglieds, zum anderen aber auch aus der Sicht der Führungskraft.

Zeitbedarf: ca. 45–60 Minuten

Anzahl der Personen: 12–14 Teilnehmer

Virtuelle Ressourcen: Neben der Besprechungs-Plattform benötigst du noch virtuelle Whiteboards für die Anzahl der Gruppen. Die Gruppengröße sollte vier bis sechs Teilnehmer umfassen.

Backstage 9: Teamentwicklungsphase nach Bruce Tuckman

Forming-Phase: die Einstiegs- und Findungsphase (Kontakt)

Die erste Phase ist durch Unsicherheit und Verwirrung gekennzeichnet. Transparenz und Klärung sind zunächst wichtig. Um was geht es im Projekt und wer ist mit dabei? Zunächst geht es darum, dass die Teammitglieder sich miteinander bekannt machen und ihre Zugehörigkeit zur Gruppe absichern. Erste Ziele und Regeln werden definiert und die Gruppe wendet sich langsam der Aufgabe zu, doch die Beziehungen der Teammitglieder untereinander sind noch unklar.

Storming-Phase: die Auseinandersetzungs- und Streitphase (Konflikt)

In der zweiten Phase, dem Storming, kommt es häufig zu Unstimmigkeiten über Prioritäten. Teammitglieder verfolgen unterschiedliche Ziele. Diese basieren auf unterschiedlichen Erwartungsannahmen, unterschiedlichem Verständnis, da alle Teammitglieder unterschiedliche Erfahrungen haben. Es kann zu Machtkämpfen um die Führungsrolle und den Status in der Gruppe kommen; dadurch entstehen Spannungen zwischen den Teammitgliedern und anderen Teams. Die Beziehungen sind eher konfliktbeladen, im schlimmsten Fall sogar feindselig. Idealerweise erfolgen erste Abstimmungen über die Arbeitsorganisation. In dieser Phase ist die Leistung der Gruppe eher gering.

Norming-Phase: die Regelungs- und Übereinkommensphase (Kontrakt)

In der Phase festigen sich gemeinsame Werte und Normen im Team. Die Teammitglieder haben ihre Rollen gefunden und kooperieren zunehmend. Die Beziehungen sind harmonischer, die gegenseitige Akzeptanz steigt und das Team wendet sich verstärkt seiner Aufgabe zu.

Performing-Phase: die Arbeits- und Leistungsphase (Kooperation)

In der Phase Performing pendelt sich die Leistung der Teammitglieder auf einer gleichbleibenden Ebene ein. Das Team handelt geschlossen und orientiert sich an dem gemeinsamen Ziel. Es herrscht eine Atmosphäre von Anerkennung, Akzeptanz und Wertschätzung. Die Teammitglieder arbeiten erfolgreich zusammen. Rollen können flexibel zwischen Personen wechseln. Das Team geht offen miteinander um, kooperiert und hilft sich gegenseitig. Die Aufgabenbearbeitung erfolgt erfolgreich.

Adjourning-Phase: die Auflösungsphase

Die fünfte Phase, Adjourning, wurde durch Tuckman im Jahr 1977 im Phasenmodell ergänzt. Nicht für alle Teams ist die fünfte Phase relevant.

Vorbereitung: Für die Einführung der Übung ist es sinnvoll, kurz die Teamentwicklungsphasen nach Tuckman zu erläutern. Bereite für jede Gruppe ein Whiteboard vor. Alternativ kannst du auch für jede Gruppe einen Arbeitsbereich auf dem Board abbilden (siehe Screenshot). Die ideale Gruppengröße beträgt vier bis sechs Teilnehmer. Das Board zeigt ein Schaubild der Teamphasen und darunter vier Spalten (pro Phasenübergang eine) sowie zwei großzügige Zeilen. In der ersten Zeile sind die Fragen zu beantworten:

- Wie bringe ich persönlich unser Team in die nächste Phase?
- Was genau mache ich?
- Wie unterstütze ich die anderen und das Team?

In der zweiten Zeile wird die Perspektive gewechselt:

- Wie würde ich unser Team weiterbringen, wenn ich die Leitung des Teams wäre?

Virtuelles Whiteboard für eine Gruppe

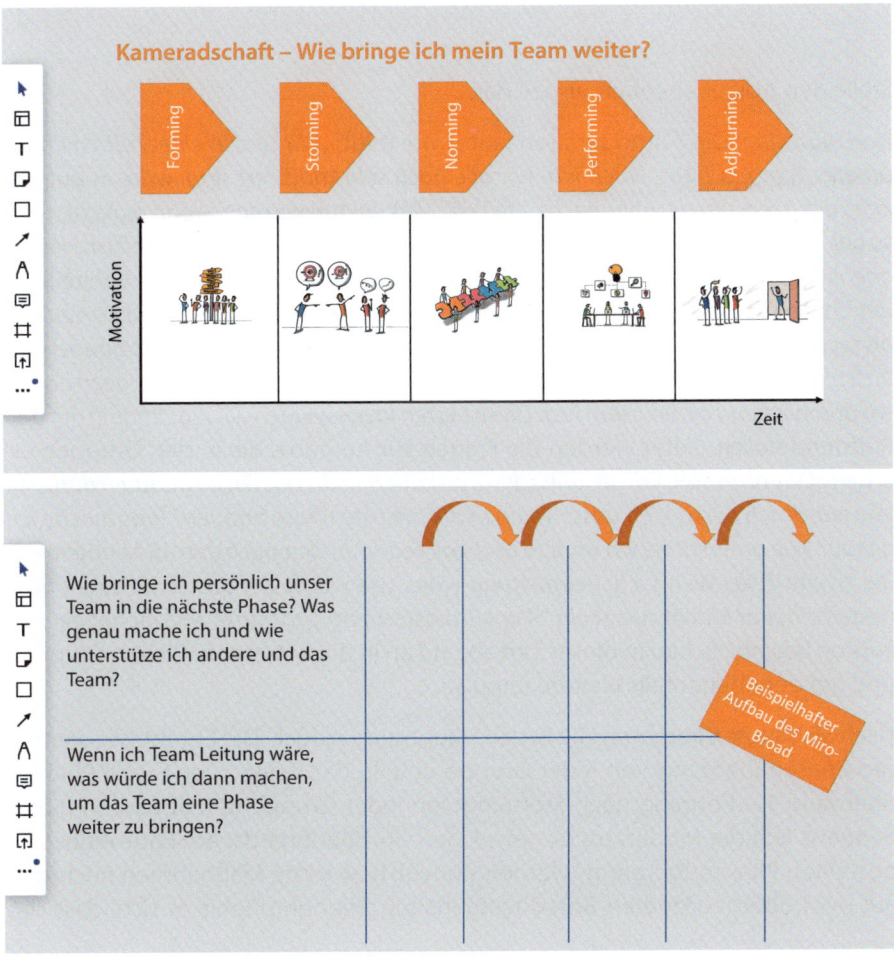

Virtuelles Whiteboard mit mehreren Gruppen auf einem Board

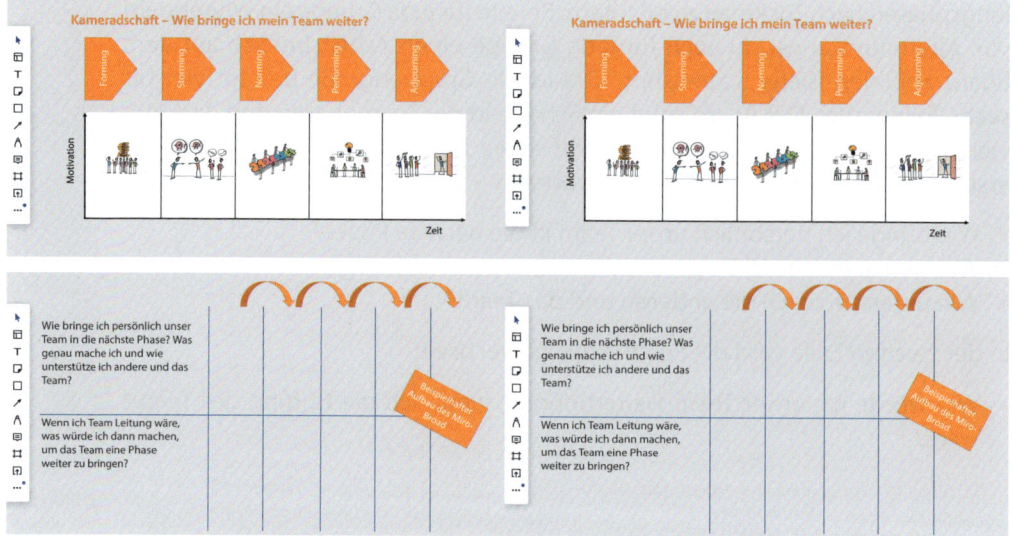

Stelle den Ablauf ebenfalls visuell dar.

Durchführung: Die Anmoderation lautet wie folgt: *„Wir sind in einer frühen Phase unseres Teamaufbaus. Nachdem wir alle noch sehr motiviert sind, wäre es gut, die Zeit zu nutzen, um darüber nachzudenken, was wir tun würden, wenn es nicht mehr so gut läuft und etwas Sand im Getriebe bzw. in unserer Zusammenarbeit ist. Hierfür orientieren wir uns an den Teamentwicklungsphasen."* Jetzt könnte die Vorstellung der Phasen kommen. Zum Ablauf: *„Wir teilen das gesamte Team in Gruppen zu vier bis sechs Personen auf, damit wir in den Gruppen mehr Diskussionen bekommen. Im Anschluss stellen wir die jeweiligen Ergebnisse im Plenum vor. Die besten Ideen halten wir abschließend gemeinsam fest. Diese besten Ideen werden wir regelmäßig auf den Prüfstand stellen."* Jetzt werden die Fragen zur Aufgabe, die in den Gruppen erarbeitet werden soll, vorgestellt. *„Bitte diskutiert in den ersten 20 Minuten darüber: Wie würde ich persönlich unser Team in die nächste Phase bringen? Was mache ich genau? Wie unterstütze ich andere und das Team? In den nächsten 15 Minuten füllt die zweite Zeile: Wenn ich Teamleitung wäre, wie würde ich das Team eine Phase weiterbringen? Macht zuerst ein 'Silent Brainstorming' pro Phase, ehe ihr mit der Diskussion beginnt.* Schau in dieser Zeit ab und an in die unterschiedlichen Gruppen und gib gegebenenfalls weitere Impulse.

Nach 35 Minuten kommen alle in den Hauptraum zurück. Die Ergebnisse werden pro Phasenübergang von jeder Gruppe geteilt, das heißt, zuerst wird Phasenübergang 1 – Forming nach Storming von jeder Gruppe geteilt usw. In dieser Sequenz teilt der Moderator die jeweiligen Gruppenboards. Am Ende eines vorgestellten Phasenübergangs werden sinnvoll bewertete Maßnahmen nochmals auf dem übergeordneten Board festgehalten. Hier empfiehlt es sich, dass das übergeordnete Board am Bildschirm geteilt wird und die Gruppen zusätzlich ihre Gruppenboards betrachten.

Nachdem alle Phasen durchlaufen sind, wird eine abschließende Reflexion gemacht und die definierten Handlungsoptionen werden nochmals begutachtet.

Ausblick: Das übergeordnete Board mit den Handlungsoptionen wird regelmäßig auf den Prüfstand gestellt und gegebenenfalls angepasst und reflektiert.

Backstage 10: Hier geht keiner geistig Gassi! Wie du die Aufmerksamkeit hochhältst

Oftmals sehen virtuelle Meetings oder Trainings so aus:

Doch wie kannst du vermeiden, dass die Teilnehmer während einer virtuellen Teamentwicklung „geistig Gassi" gehen und sich mit anderen Dingen beschäftigen?

Aus meiner Sicht gibt es ein paar kleine, aber sehr wirksame Möglichkeiten, um die Aufmerksamkeit hochzuhalten:

- Sprich die Teilnehmer mit Namen an.
- Stelle offene Fragen und adressiere diese an einzelne Teammitglieder.
- Verteile virtuelle Aufgaben wie beispielsweise „Zeitmanager".
- Lass die Teilnehmer selbst Arbeitsergebnisse teilen und vorstellen.
- Lass den Zufallsgenerator (z. B. Random Wheel Picker; www.tools-unite. com) entscheiden, welche Gruppe das Gruppenergebnis zuerst präsentieren darf.

#11 Zirkeltraining – gestalte deine virtuelle Teamarbeit

Ziel: Ziel der Übung ist es, bestimmte Themen gemeinsam im Team zu reflektieren.

Zeitbedarf: 45 Minuten

Anzahl der Personen: bis zu 20 Teilnehmer

Virtuelle Ressourcen: virtueller Meetingraum, Whiteboard, Break-out-Session

Vorbereitung: Du bereitest drei Whiteboards vor. Alternativ teilst du ein Mural Board in drei Segmente ein. Auf jedem Whiteboard notierst du drei Satzanfänge, die von den drei Gruppen ergänzt werden. Beispielsweise könnten das die folgenden Satzanfänge sein:

- Probleme lösen wir virtuell, indem wir …
- Unsere virtuelle Zusammenarbeit wird gut, indem wir …
- Virtuelle Nähe erzeugen wir, indem wir …

Hier ist ein Beispielboard zu sehen:

Durchführung: Die Teilnehmer werden nun in drei Gruppen eingeteilt. In jeder Break-out-Session ist ein Whiteboard hinterlegt. Pro Gruppe legst du einen Gruppenverantwortlichen fest. Diese Person teilt das Whiteboard und achtet auf die Zeit. Nach sechs Minuten lässt du die Gruppen in den nächsten Raum wechseln. Dort finden sie die Antworten ihrer Kollegen. Die neu dazugekommene Gruppe liest die Antworten und ergänzt den Satzanfang. Außerdem zeigt sie ihr Commitment zu den einzelnen Aussagen, indem sie die bereits genannten Punkte bei Zustimmung mit einem „grünen Haken" versieht, bei Ablehnung mit einem „roten X". Nach weiteren zehn Minuten wird die Gruppe erneut getauscht. Das Vorgehen in der Gruppe bleibt dabei gleich. Ziel ist, dass jede Gruppe bei jedem Whiteboard war.

Zurück im Plenum werden anschließend alle Aussagen gezeigt. Die Punkte, bei denen Commitment fehlt, werden hinterfragt und verhandelt.

Am Ende sind wesentliche Anforderungen an die virtuelle Teamarbeit geklärt und das Team hat sein Commitment dazu abgegeben. Die Vereinbarung kann nun im virtuellen Teamraum visualisiert werden.

Backstage 11: Virtuelles World Café – den Dialog fördern und durch unterschiedliche Perspektiven gute Lösungen entwickeln

Einer unserer Kunden, ein großer Projektsteuerer, bat uns, eine Veranstaltung zu moderieren. Es ging um die spannende Frage, wie die Virenlast (Covid-19) in Immobilien gesenkt werden kann. Es sollte einen Fachvortrag geben und anschließend eine Diskussionsrunde, bei der alle Teilnehmer involviert sind, ihre Meinung einbringen können und gleichzeitig neue Kollegen kennenlernen können. Die gesamte Teilnehmerzahl betrug 200 Teilnehmer. Natürlich sollte die Veranstaltung – wie zu Pandemiezeiten üblich – virtuell stattfinden. Nach kurzem Überlegen war klar, dass wir das Format des World Cafés nutzen wollten.

Worum geht es dabei?

Grundlage des World Cafés ist es, Teilnehmer miteinander ins Gespräch zu bringen und damit bestimmte Frage- oder Problemstellungen in Kleingruppen intensiv zu diskutieren und reflektieren zu können. Die Gespräche sollen den alltäglichen Gesprächen in einem Café ähneln. Sie sollen locker und ungezwungen sein. Eine Vertiefung der Gespräche wird durch mehrfaches Durchmischen der Teilnehmer erreicht. Die Teilnehmer „kritzeln" ihre Ideen auf eine Tischdecke. Am Ende des World Cafés werden die Ergebnisse im gesamten Plenum geteilt.

Doch wie setzen wir das bekannte Format virtuell um?

Schnell war klar, dass wir hier eine Herausforderung haben würden. Das Präsenzformat lebt durch einen lockeren und unkomplizierten Wechsel der Teilnehmer von Tisch zu Tisch. Die herkömmlichen virtuellen Besprechungs-Plattformen bieten jedoch virtuelle Break-out-Sessions an, bei denen der Wechsel immer durch die Hauptmoderatoren gesteuert wird. Jedoch sind diese zu statisch. Also beschlossen wir die Plattform Wonder.me zu nutzen. Du findest auch einen weiteren Backstage-Artikel dazu. Wonder.me bietet den Teilnehmern die Möglichkeit eines unkomplizierten Wechsels zwischen den virtuellen Tischen. Sie können eigeninitiativ den Tisch verlassen. Im Vorfeld definierten wir gemeinsam mit dem Kunden die Gastgeber an den einzelnen Tischen und machten sie mit dem Ablauf und der Technik vertraut. Zwei Stunden haben wir für deren „Mini-Training" geplant.

Nach dem Vortrag führten wir in das virtuelle World Café ein. An jedem Tisch (angelegte Area auf Wonder.me) befand sich ein Tischgastgeber. Diese wurden von uns vor der Veranstaltung gebrieft. Ihre Aufgabe war es, die ankommenden Teilnehmer in Empfang zu nehmen, zu begrüßen und kurz die Diskussionsergebnisse der Vorgruppe zu teilen. Natürlich sollten sie auch die virtuelle Diskussion in Gang setzen. In der Abschlusspräsentation waren sie diejenigen, die die Ergebnisse ihres Tisches vorstellten. Anstelle der realen Tischdecken richteten wir für jeden Tisch eine Area auf dem Mural Board ein. So konnten alle Teilnehmer schreiben.

Tipps bei der Planung eines virtuellen World Cafés:

* Was ist das Kernthema?
* Was soll erreicht werden?
* Die richtigen Fragen sind der Dreh- und Angelpunkt eines virtuellen World Cafés. Sie sollten spannend formuliert sein und die Teilnehmer neugierig machen, ins Gespräch zu kommen. Gleichzeitig sollten sie einfach und verständlich sein.
* Voraussetzung für das Gelingen ist eine offene, klare und freundliche Atmosphäre der Tischgastgeber.
* Die Tischgastgeber sollten in der Nutzung der Technik souverän sein.
* Die Flexibilität wird durch die Wahl der technischen Plattform stark beeinflusst. Eine flexible Lösung bietet beispielsweise Wonder.me.

Möchtest du gerne tiefere Informationen, so findest du diese unter:

The World Café Community (http://www.theworldcafe.com)

#12   Das bist du?

Ziel: Diese Teambuilding-Aktivität für virtuelle Teams zielt darauf ab, das gegenseitige Kennenlernen zu intensivieren, Vertrauen zu entwickeln und die Interaktion in virtuellen Teams durch eine lustige Aktivität mit Bildern aus der Kindheit und aktuellen Bildern zu entwickeln. Die Idee ist, Bilder aus der Kindheit und andere besondere Momente der Teammitglieder zu teilen, um sich besser kennenzulernen. Das Hauptziel ist es, etwas Persönliches von sich selbst zu teilen – außerhalb des Arbeitskontextes, von dem die anderen vielleicht nichts wissen.

Zeitbedarf: 30–45 Minuten

Anzahl der Personen: 5–40 Teilnehmer

Virtuelle Ressourcen: Conferencing-Tool, Cloud (z. B. Dropbox)

Vorbereitung: Jeder Teilnehmer sendet vor dem virtuellen Meeting zwei Bilder an einen vorher festgelegten Moderator. Nur er weiß, von wem die Bilder stammen. Das erste Bild stammt aus der Kindheit und das zweite sollte ein Bild von einem wichtigen Hobby sein. Es kann auch ein Bild von einem besonderen Anlass oder einem wichtigen Moment im Leben dieses Teammitglieds sein.

Der Moderator speichert die Bilder in zwei verschiedenen Ordnern („Kindheit" und „Aktuell"). Während der Teambuilding-Aktivität teilt der Moderator die Bilder über den Bildschirm. Alternativ können die Bilder auch durch die einzelnen Teammitglieder auf ein virtuelles Whiteboard (z. B. Mural) hochgeladen werden.

Beispiel eines vorbereiteten Mural Boards

Kindheit   **Aktuell**

Wir wollen uns noch intensiver kennenlernen.
Bitte lade daher auf die linke Seite dieses Boards ein Bild aus deiner Kindheit hoch.
Bitte lade auf die rechte Seite des Boards ein Bild hoch; dass dich bei deinem Hobby, während eines besonderen Anlasses oder einem wichtigen Moment in deinem Leben zeigt.
Während unseres virtuellen Meetings werden wir raten, welches Teammitglied auf dem Bild zu sehen ist.

Durchführung: 1. Runde: Teile zunächst die Kindheitsbilder über den Bildschirm oder auf dem virtuellen Whiteboard. Die Teilnehmer raten, wer auf den Bildern zu sehen ist. Dazu forderst du jeden Teilnehmer auf, den Namen des Kollegen nach deiner Aufforderung im Chat zu notieren. Wenn sie es herausgefunden haben, wird die Person aufgefordert, ein wenig über den Hintergrund des Bildes zu erklären: Wo wurde es aufgenommen? Was geschah in diesem Moment? Der gleiche Prozess wird so lange durchgeführt, bis es keine Kindheitsbilder mehr gibt.

2. Runde: Teile nun die Bilder „Aktuell". Das Vorgehen entspricht der ersten Runde. Das Raten wird nun viel einfacher. Wichtig ist zu verstehen, welche Leidenschaften die eigenen Teamkollegen haben, um sich auch außerhalb des Arbeitskontextes besser kennenlernen zu können.

Wenn alle Bilder gezeigt wurden und die Teammitglieder erklärt haben, was auf ihren Bildern zu sehen war, empfehlen wir, eine kurze Reflexion durchzuführen.

Reflexion:
- Was haben wir über andere Kollegen gelernt?
- Was davon wussten wir schon?

- Was war neu?
- Was hat dich überrascht?
- Wie wirkt sich das auf unsere Zusammenarbeit aus?
- Wie können wir auch zukünftig virtuelle Nähe herstellen?

Backstage 12: Alles Clowning oder was? Wege der virtuellen Motivation

Kürzlich äußerte ein Teilnehmer einer virtuellen Teamentwicklung die Erwartungshaltung, dass er hier kein Clowning wünsche. Etwas irritiert ob der Aussage hakte ich nach und wollte herausfinden, was er konkret mit „Clowning" meinte. Er sagte, dass er in der letzten Zeit das Gefühl habe, dass in vielen virtuellen Veranstaltungen lächerliche Dinge gemacht werden, nur um zwanghaft gute Laune zu erzeugen. Ich fand seine Anmerkung interessant und dachte intensiver darüber nach.

Übersetzt bedeutet „Clowning" Späße machen. Doch warum nicht auch virtuell gute Stimmung erzeugen? Natürlich nur, wenn es der Situation angemessen ist. Sehen wir uns einmal an, woher die Motivation der Teilnehmer bei virtuellen Meetings oder Workshops kommt oder was deren Motivation beeinflusst.

Jede noch so große Bemühung, eine gute virtuelle Teamentwicklung zu gestalten, wird nicht erfolgreich sein, wenn die Teilnehmer nicht ausreichend motiviert sind.

Folgende Aspekte beeinflussen die Motivation der Teilnehmer bei einer virtuellen Teamentwicklung:

- **Thema**
  Der Idealfall liegt vor, wenn die Teilnehmer schon mit großem thematischen Interesse am Workshop teilnehmen. Das ist jedoch leider nicht immer der Fall. Gerade bei virtuellen Teamkonflikten oder virtuellen Rollen- und Schnittstellenworkshops scheuen sich manche Teammitglieder vor der Teilnahme.
  Das Klären der Hintergründe ist daher sehr wichtig. Folgende Leitfragen helfen dabei:
  - Was wollen wir mit dem Workshop erreichen?
  - Was soll sich danach verändert haben?
  - Woher kommt der Veränderungsbedarf?

- **Gefühl der Kontrolle**
Gerade wenig technikaffine Teilnehmer scheuen die Technik. Sie haben Angst, Fehler zu machen oder das System zum Absturz zu bringen. Zeigst du ihnen jedoch zum Einstieg, wie sie die Technik benutzen können, förderst du damit ihr Zutrauen und das Vertrauen in die Technik. Daher kombiniere zum Einstieg in einen virtuellen Teamworkshop die Features, die du benötigst (z. B. Chat, Umfragen, integriertes Whiteboard) mit dem Check-in. Damit involvierst du deine Teammitglieder und machst sie sicherer im Umgang mit der Technik. Auch ein Lob für eine erfolgreiche technische Ausführung der Aufgabe ermutigt technikunerfahrene Teilnehmer, sich einzubringen und ihre Meinung auch online zu teilen.

- **Methodik und Vorgehen**
Ein interessanter Methodenmix und eine abwechslungsreiche Gestaltung des virtuellen Teamworkshops fördern die Bereitschaft, aufmerksam teilzunehmen und sich aufmerksam zu beteiligen. Von den Teilnehmern als herausfordernd, aber gleichzeitig lösbar empfundene virtuelle Aufgaben wirken sich positiv aus. Zu einfache oder zu schwierige Aufgaben wirken sich dagegen negativ auf die Motivation aus.

- **Arbeitsklima**
Teilnehmerbeiträge oder erarbeitete Lösungen einer virtuellen Teilgruppe bleiben oftmals unkommentiert. Positives Lob und Bestärkung wirken sich beispielsweise förderlich auf das Arbeitsklima aus. Lob für wertvolle Teilnehmerbeiträge ermuntert Teammitglieder dazu, sich zu beteiligen. Erwähne auch, worin du den besonderen Wert des Beitrags siehst. Sobald ein Beitrag geäußert wurde, kannst du auch eine konkretisierende Frage dazu stellen. Damit fühlt sich der Teilnehmer gehört und du signalisierst Interesse. Gerade in der Startphase eines virtuellen Teamworkshops wirkt sich ein Lob für das Einhalten der virtuellen Regeln positiv aus. Auch der Einsatz von Humor und überraschenden Elementen fördert eine positive Workshopatmosphäre.
Ich lasse beispielsweise gerne einmal die Teilnehmer sich selbst auf die Schulter klopfen und loben, wenn sie das erste Mal in einer virtuellen Breakout-Session waren und erfolgreich zurückgekehrt sind.

- **Persönlichkeit der Führungskraft, des Trainers oder des Coaches**
Die eigene Begeisterung für das Thema, ein echtes Interesse an den Teilnehmern und ein unterstützendes Verhalten der Führungskraft oder des Coaches können selbst bei schwierigen Themen die Teilnehmer virtuell bei der Stange halten. Die innere Haltung „Ich will dich verstehen" – verbunden mit einer natürlichen Neugier – wirken motivationssteigernd.

Clowning in einer der Situation angepassten und authentischen Art kann somit sehr bereichernd für die Motivation der Teilnehmer sein.

2.3 Storming-Phase: Wo ist mein Platz in diesem Team?

In dieser Phase wird es meistens schwieriger, im Team zusammenzuarbeiten. Jetzt sind alle Teammitglieder angekommen und stellen fest, dass sich die persönliche Erwartungshaltung nicht mit der Realität deckt oder dass die Aufgabe nicht einfach umzusetzen ist. Die Reaktionen sind vielfältig. Einige probieren sich aus, während andere eher ängstlich sind. Konflikte werden im virtuellen Team häufig nicht früh erkannt, da die Besprechungen am Bildschirm meist formal sind und das Missfallen in der kurzen Sequenz des Treffens nicht gezeigt wird oder von den jeweiligen Personen gut unterdrückt wird.

Teams können in dieser Phase auseinanderbrechen, weil das Team mit diesen Herausforderungen nicht umgehen kann. Struktur in den Besprechungen sowie ein klares Rollenverständnis wirken unterstützend. Dies ermöglicht jedem Teammitglied, eigenverantwortlich zu handeln. Die Übungen in diesem Kapitel ermutigen zur Zusammenarbeit im Team und klären Rollen, Ziele und Erwartungen.

Die Storming-Phase beinhaltet folgende Gefühle:

- Frustration und Widerstand bei Aufgaben und Methoden
- Kaum Zuversicht bei der Erreichung der Teamziele
- Angst vor Konflikten

… und diese Verhaltensweisen:

- Endlosdiskussionen
- Verteidigung der eigenen Position und Wettbewerb im Team
- Infragestellen getroffener Entscheidungen
- Ziele werden als unrealistisch betrachtet
- Starker Ich-Bezug

Die Führungskraft sollte coachend eingreifen, Struktur schaffen und Orientierung geben. Das bedeutet, Machtfragen zu klären, und das Entwickeln und Implementieren von Vereinbarungen und wie Entscheidungen gefällt werden. Bedeutsam ist ebenfalls das Entwickeln einer Feedbackkultur. Das Team muss lernen, Feedback zu teilen. Produktive Konflikte entwickeln das Team weiter.

Zwischenmenschliches verhindert ein schnelles Vorankommen. Doch Klarheit schafft Orientierung und die investierte Zeit ist wertvoll.

Top-Tipp!

Achte jetzt darauf, dysfunktionales Gruppenverhalten zu identifizieren. Anzeichen dafür sind: das Rückdelegieren von Aufgaben und Verantwortlichkeiten, sich zu verstecken, die Leitung des Teams zu unterwandern, künstliche Harmonie, unklare Rollen und Verantwortlichkeiten, Silodenken etc.

Damit du den nächsten Schritt gut gestalten kannst, hilft dir folgendes Vorgehen:

- Achte auf das „Social Warm-up" und plane etwas Zeit ein, um von jedem Teammitglied zu hören, wie es ihm gerade geht.
- Achte darauf, dass die Tagesordnung nicht zu eng gefasst ist, damit genügend Zeit für jeden im Team bleibt, um Probleme anzusprechen, die möglicherweise frustrierend sind und die das Team gemeinsam lösen kann. Nutze dies als eine Aktivität für die Teambindung und soziale Interaktion.
- Überprüfe während des gesamten Meetings, ob es Hemmungen für die freie Meinungsäußerung gibt, beispielsweise Menschen, die nicht der einzige Verweigerer sein wollen oder die Bedenken haben, dass sie nicht als Teamplayer angesehen werden, wenn sie anderer Meinung sind.
- Hinterfrage, wie die Anliegen und Interessen der Stakeholder des Teams besser berücksichtigt werden können. Ziehe in Erwägung, einen Stakeholder zur Sitzung einzuladen, um über dessen Erwartungshaltung zu sprechen.

Backstage 13: Wie die meisten Menschen Feedback geben, ist nicht gehirngerecht! 4 Schritte, um gehirngerechtes virtuelles Feedback zu teilen

Kennst du einen guten Feedbackgeber? Einen, den auch andere nennen würden?

Das Werkzeug, das wir am meisten brauchen, ist die Fähigkeit, gutes Feedback zu geben und empfangen zu können.

Virtuelles Feedback kann die Wirkung nur entfalten, wenn es aufrecht, ehrlich, offen und gehirngerecht ist. Dazu müssen die Teammitglieder immer wieder ihre Komfortzone verlassen. Gerade bei interkulturellen Teams kann das herausfordernd sein.

Menschen sprechen schon seit Jahrhunderten über Feedback. Tatsächlich sprach Konfuzius schon 500 v. Chr. darüber, wie wichtig es ist, auch schwierige Botschaften mitteilen zu können. Um ehrlich zu sein, sind wir immer noch schlecht darin. Tatsächlich hat eine aktuelle Gallup-Umfrage ergeben, dass nur 26 Prozent der Angestellten der Meinung sind, dass das Feedback, das sie erhalten, ihre Arbeit verbessert. Diese Zahlen sind erbärmlich. Was ist da los?

Die Art und Weise, wie die meisten Menschen ihr Feedback geben, ist nicht gehirngerecht!

Die Menschen gehören in eines von zwei Lagern:

Entweder sind sie aus dem Lager, das beim Teilen schlechter Nachrichten sehr indirekt und weich ist. Das Gehirn des Empfängers erkennt nicht einmal, dass Feedback gegeben wird, oder es ist einfach verwirrt. Oder sie gehören dem anderen Lager an und werden zu direkt und bringen damit ihr Gegenüber in die Defensive. Es gibt einen Teil des Gehirns, der Amygdala genannt wird. Die Amygdala scannt permanent Situationen, um herauszufinden, ob die empfangene Nachricht eine soziale Bedrohung darstellt. Stuft die Amygdala des Feedbackgebers die Situation als Bedrohung ein, beginnt auch der Feedbackgeber, sein Verhalten zu deregulieren. Er fügt noch mehr „Mhms" und „Ahs" und Rechtfertigungen hinzu, die ganze Sache gerät schnell aus den Fugen und wird unklar. Das muss nicht so sein.

Es gibt eine vierstufige Formel, die ihr im Team verwenden könnt, um jede schwierige Botschaft gehirngerecht zu kommunizieren:

1. **MIKRO-YES:** Der erste Teil der Formel ist das, was wir das Mikro-Yes nennen. Großartige Feedbackgeber beginnen ihr Feedback, indem sie eine Frage stellen, die kurz, aber wichtig ist. Sie lässt das Gehirn wissen, dass ein Feedback kommt. Das wäre zum Beispiel so etwas wie: „Haben Sie fünf Minuten Zeit, um darüber zu sprechen, wie das letzte Gespräch gelaufen ist?" oder „Ich habe einige Ideen, wie wir Dinge verbessern können. Kann ich sie mit Ihnen teilen?" Diese Mikro-Yes-Frage bewirkt zwei Dinge: Erstens ist sie ein Hilfsmittel, um das Tempo zu erhöhen. Sie lässt die Person wissen, dass sie gleich Feedback geben wird. Und zweitens schafft sie einen Moment des Einverständnisses. Der Empfänger kann „Ja" oder „Nein" zu dieser geschlossenen Frage sagen. Damit bekommt er das Gefühl der Autonomie.

2. **DATEN UND FAKTEN:** Der zweite Teil der Feedbackformel besteht darin, konkret zu schildern, worum es geht. Benenne genau, was du gesehen oder gehört hast. Vermeide alle Wörter, die nicht objektiv und konkret sind. Es gibt Aussagen, die für verschiedene Leute verschiedene Dinge bedeuten können. Diese uneindeutigen Begriffe sind nicht spezifisch. Beispielsweise: „Du solltest nicht so defensiv sein" oder „Du könntest proaktiver sein". Großartige Feedbackgeber machen es anders. Sie wandeln ihre unspezifischen Aussagen in konkrete Daten um. Anstatt zum Beispiel zu sagen: „Du bist unzuverlässig", würden sie sagen: „Du hast gesagt, du lässt mir die E-Mail bis 11 Uhr zukommen. Leider habe ich sie immer noch nicht." Konkret zu werden, ist auch bei positivem Feedback wichtig. Nur wenn wir konkret werden, kann der Empfänger Verhalten unterlassen oder wiederholen.

3. **AUSWIRKUNG ZEIGEN:** Der dritte Teil der Formel ist die Auswirkungsaussage. Benenne genau, wie sich die genannten Fakten auf dich ausgewirkt haben. Zum Beispiel: „Weil ich die Nachricht nicht bekommen habe, war ich bei meiner Arbeit blockiert und konnte nicht vorankommen." Oder: „Mir hat es sehr gut gefallen, dass du die Referenzen ergänzt hast, weil es mir geholfen hat, das Konzept schneller fertigzustellen." Das gibt ein Gefühl von Sinn, Bedeutung und Logik. Danach sehnt sich unser Hirn.

4. **ENDE MIT EINER FRAGE:** Der vierte Teil der Feedbackformel ist eine Frage. Großartige Feedbackgeber verpacken ihre Feedbackbotschaft mit einer Frage. Sie werden eine Frage stellen wie: „Wie siehst du das?" oder „Ich denke, wir sollten Folgendes tun. Wie denkst du darüber?" Das schafft Engagement und nicht nur Konformität. Dadurch wird das Gespräch nicht mehr zu einem Monolog, sondern zu einer gemeinsamen Problemlösung. Hör vor allem gut zu! Es gibt noch einen letzten Punkt. Großartige Feedbackgeber können nicht nur Botschaften gut formulieren, sondern sie fragen auch regelmäßig nach Feedback.

Warte nicht darauf, dass dir ein Feedback gegeben wird. Wir nennen das „Push-Feedback". Frag aktiv nach Feedback. Das wäre dann „Pull-Feedback". Durch „Pull-Feedback" etablierst du dich als kontinuierlich Lernenden.

Mit zunehmender Übung fällt das offene und ehrliche Feedback einfacher. Um regelmäßig den Austausch von Feedback zu üben, haben wir einige Übungen in diesem Bereich des Buches für dich zur Verfügung gestellt. Auf diese Weise werden aus Feedbackgesprächen Lerngespräche.

Schärfe deine virtuellen Antennen! Wie verhalten sich die Teammitglieder? Wo erkennst du Veränderungen? Denk daran, dass gerade virtuell ein Rückzug leichter möglich ist.

#13 Außerirdische sind gelandet

Ziel: Bilder sagen mehr als tausend Worte. Mit dieser Aktivität erhältst du und dein Team einen Einblick zu den unterschiedlichen Sichtweisen auf die Unternehmenskultur oder die Abteilungskultur. Gleichzeitig verbesserst du damit die kommunikativen Fähigkeiten und Problemlösungskompetenzen deines Teams.

Zeitbedarf: ca. 20–30 Minuten

Anzahl der Personen: 8–12 Teilnehmer

Virtuelle Ressourcen: virtuelle Break-out-Sessions (beispielsweise in MS Teams), Whiteboard (auf das Bilder hochgeladen werden können) oder ein interaktives Board wie beispielsweise Mural

Vorbereitung: 1. Erstellung der Anleitung für die Gruppenaufgabe: *„Die Aliens sind gelandet. Sie sprechen weder Englisch noch Deutsch. Eure Aufgabe ist es, den Außerirdischen die Kultur unseres Unternehmens zu erklären. Dazu könnt ihr maximal fünf Symbole oder Bilder wählen, die das am besten zum Ausdruck bringen. Ladet die Bilder direkt hoch. Ihr habt maximal fünf Minuten Zeit."*

2. Richte gegebenenfalls die Break-out-Sessions ein, indem du dort bereits die Aufgabenstellung hinterlässt und den Link zu dem interaktiven Board in den Chat einfügst. Bilde Kleingruppen mit maximal drei bis vier Teilnehmern.

Durchführung:

1. Stelle die Aufgabe vor wie in der Vorbereitung beschrieben.
2. Schicke die Kleingruppen in die Break-out-Räume.
3. Vernissage: Nach der Break-out-Session führst du eine Vernissage im Plenum durch. Starte mit der ersten Gruppe. Frag die Betrachter: *„Was fällt euch auf?"* *„Was ist für euch bestätigend?"* *„Was ist ein neuer Aspekt – und warum?"*
4. Reflexionsrunde: *„Was von der wahrgenommenen Kultur unterstützt uns?"* *„Was behindert uns?"* *„Wie können wir es verändern?"*

#14 Gesichter lesen: Bin ich empathisch, oder was?

Ziel: Wir haben über 40 verschiedene Muskeln im Gesichtsbereich und damit können wir bis zu 250.000 verschiedene Gesichtsausdrücke zeigen. Unser Gesicht zeigt direkt und ohne Umschweife, in welchem Gefühlszustand wir uns befinden, und äußert ihn über dazu passende Emotionen über den Gesichtsausdruck. Laut Paul Ekman können wir das originäre Gefühl nicht unterdrücken, da es in Mikro- oder Nanosekunden über unser Gesicht huscht. Jedoch können wir den äußeren Eindruck durchaus beeinflussen. Daher wird in Callcentern den Mitarbeitern beigebracht zu lächeln, da es der Gesprächspartner am Telefon spürt und auf ihn einen positiven Einfluss hat.

Ziel der Übung ist es, die virtuellen Antennen zu schärfen und die eigene virtuelle Wahrnehmung zu trainieren.

Zeitbedarf: 45 Minuten

Anzahl der Personen: 8–12 Teilnehmer

Virtuelle Ressource: Online-Besprechungs-Plattform, in dem privates Chatten möglich ist

Vorbereitung: Mach dir Gedanken über mögliche Gesichtsausdrücke und welche Emotion dahinter verborgen ist. Eventuell schreibst du auch welche auf, die im Arbeitsalltag vorzufinden sind oder manchmal zur Verwirrung beitragen.

Durchführung: Eine mögliche Anmoderation könnte sein: *„Heute wollen wir unsere virtuellen Antennen und unsere Wahrnehmung schärfen. Unsere Mimik drückt unser emotionales Empfinden aus und ist daher eine wichtige Feedbackquelle. Ziel ist es, mit den Gesichtsausdrücken vertrauter zu werden und die dahinter liegenden Emotionen besser zu verstehen.*

Zuerst benötigen wir ein paar Gesprächssituationen, die wir durchspielen wollen. Welche Situationen fallen euch hierzu ein: Alltagssituationen, Projektsituationen, Mitarbeitergespräche?" Die Situationen sollten hälftig aus Alltagssituationen oder beruflichen Situationen stammen.

(Zeige ggf. Bilder von Gesichtsausdrücken von Dr. Ekman – micro facial expressions.)

„Jetzt benötigen wir das erste Freiwilligenpaar."

Jeder Durchlauf beträgt etwa ein bis zwei Minuten. Jedem Gesprächspartner wird eine Mimik im privaten Chat mitgeteilt, die er in den ein bis zwei Minuten ausführt. Alle anderen Teilnehmer notieren, um welchen Ausdruck es sich handelt, was sie merkwürdig, lustig oder interessant finden.

Während des Gesprächs schalten alle die Kamera aus und der Moderator schreibt im privaten Chat den jeweiligen Gesichtsausdruck an die Gesprächspartner. Jedes Teammitglied sollte einmal Rollenspieler sein.

Starte nach jedem Durchlauf eine kleine Reflexion:

1. Frage an die Beobachter: Welche Gesichtsausdrücke wurden erkannt? Wie würdet ihr euch verhalten, wenn ihr diese Annahme hättet?
2. Frage an die Akteure: Was war schwierig/leicht? Wie ist es euch ergangen beziehungsweise wie habt ihr euch gefühlt?
3. Frage an die Beobachter: Was fandet ihr merkwürdig, lustig oder interessant?

1. Durchlauf: Die Aufgabe ist es, dass eine Person mit hochgezogenen Augenbrauen spricht und die zweite Person mit einem wütenden Gesichtsausdruck.

2. *Durchlauf: Eine Person spricht mit einem leichten Lächeln (kein Lachen mit den Augen), die andere Person hat einen angeekelten Gesichtsausdruck (ich denke an Spinnen).*
3. *Durchlauf: Eine Person spricht mit viel Blinzeln (ich bin ganz nervös), die andere lächelt (sogar mit den Augen, Untertext: Ich bin heute super drauf).*

Weitere Gesichtsausdrücke:

- den anderen anstarren (Augen durchbohren den anderen)
- beleidigt sein, sauer sein (Mundwinkel sind runtergezogen)
- beide sprechen mit demselben Gesichtsausdruck

Reflexion:

- Wie kann ich eine Fehleinschätzung oder Fehlinterpretation vermeiden?
- Welche Erkenntnis nehme ich mit?

 #15 Was wollen wir in Zukunft? Entwicklung einer Teamvision für die Zukunft

Ziel: Die Ziele der Übung sind, eine Vision der gewünschten Zukunft zu schaffen, sich von Negativem zu lösen und zu klären, was die Zukunft bringen könnte.

Zeitbedarf: 60–90 Minuten

Anzahl der Personen: beliebig

Virtuelle Ressourcen: Online-Besprechungs-Plattform, virtuelles Whiteboard (z. B. Mural Board)

Vorbereitung: Bereite ein virtuelles Whiteboard vor. Überlege dir Kernfragen, die das Team beantworten soll, oder verwende die Fragen aus der Beschreibung. Bitte die Teilnehmer, Papier und farbige Stifte auf ihren Tischen neben sich zu haben.

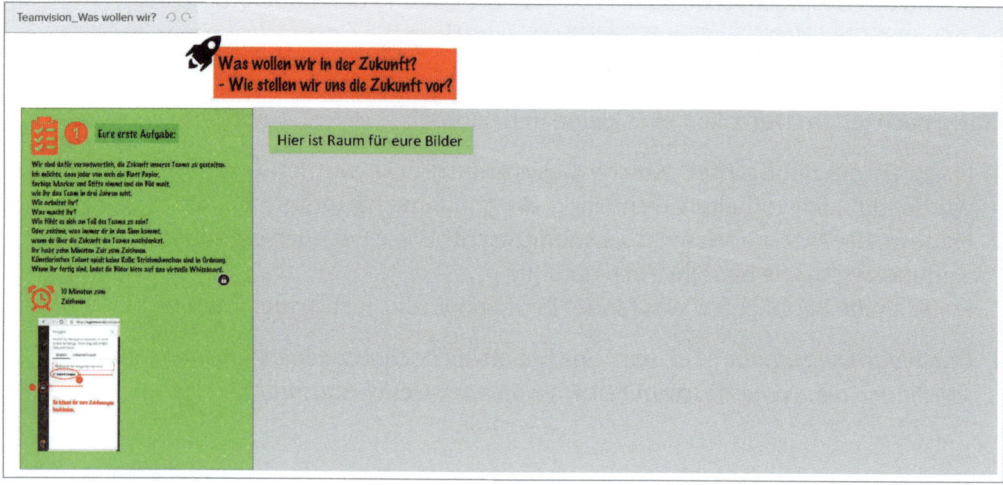

Durchführung: „Wir sind dafür verantwortlich, die Zukunft unseres Teams zu gestalten. Ich möchte, dass jeder von euch ein Blatt Papier, farbige Marker und Stifte nimmt und ein Bild malt, wie ihr das Team in drei Jahren seht. Wie arbeitet ihr? Was macht ihr? Was sind typische Sätze, die ihr sagt? Wie fühlt es sich an, Teil des Teams zu sein? Oder zeichne, was immer dir in den Sinn kommt, wenn du über die Zukunft deines Teams nachdenkst. Ihr habt zehn Minuten Zeit zum Zeichnen. Künstlerisches Talent spielt keine Rolle; Strichmännchen sind in Ordnung. Wenn ihr fertig seid, ladet die Bilder bitte auf das virtuelle Whiteboard. Den Link zum Board findet ihr im Chat."

Sobald die Zeichnungen fertig sind, teilst du die Bilder auf dem Whiteboard mit dem Plenum. Bitte einige Freiwillige, ihre Gedanken zu ihren Zeichnungen im Plenum zu teilen. Teile anschließend die gesamte Gruppe in kleinere Gruppen bis zu fünf bis sechs Personen auf und gib den folgenden Auftrag:

„1. Stelle der Gruppe dein Bild vor. Diskutiert die Gemeinsamkeiten eurer Bilder.

2. Entwickelt Ideen zu den folgenden Fragen:

- *Wovon wollen wir mehr?*
- *Wovon wollen wir weniger?*
- *Was brauchen wir für den Anfang?*

Jede Person in einer Gruppe teilt eine Idee, schreibt sie auf einen virtuellen Klebezettel und hängt sie an das virtuelle Board.

Regeln:

- *Da ihr eine gemeinsame Vision habt, gibt es keine Wertungen, es gibt keine schlechten Ideen, und nichts darf zu diesem Zeitpunkt als unmöglich angesehen werden.*
- *Jeder trägt zum Gespräch bei.*

Bestimmt für diesen Prozess einen Moderator pro Gruppe, der eure Erkenntnisse später auch mit den Kollegen teilt. Ihr habt 30 Minuten zur Verfügung."

Nach Ablauf der Zeit stellen die Gruppenmoderatoren die Ergebnisse dem Rest der Kollegen vor. Wenn alle Gruppen ihre Ideen präsentiert haben, darf jeder Teilnehmer für drei Themen abstimmen, um die Ergebnisse zu priorisieren.

 Top-Tipp!

Eine gute Möglichkeit wäre, die folgende Übung „#16: Steuern tun doch andere! – Was liegt in unserer Kontrolle?" als Nächstes zu verwenden. Wenn ja, behalte die in dieser Übung erstellten virtuellen Post-its, um sie in „Wo ist die Steuerung?" zu verwenden.

Reflexion:

1. Wie war es, Teil dieses kraftvollen Gesprächs zu sein?
2. Wie hat sich dadurch deine Einstellung zur Zukunft des Teams verändert?
3. Was wird euch helfen, diese Vision zu erreichen?
4. Was möchtet ihr zuerst in Angriff nehmen?

#16 Steuern tun doch andere! Was liegt in unserer Kontrolle?

Ziel: Dies ist ein ausgezeichneter Weg, um das Team auf das zu fokussieren, was in seinem Kontroll- und Einflussbereich liegt. Die Teilnehmer bewegen sich weg von Negativem und konzentrieren sich auf das, was erreicht werden kann.

Zeitbedarf: 15 Minuten

Anzahl Personen: beliebig

Virtuelle Ressourcen: virtuelles Meeting-Tool, virtuelles Whiteboard (z. B. Wandbild)

Vorbereitung: Bereite ein virtuelles Whiteboard vor. Zeichne das unten stehende Raster auf die Tafel und bereite die „Wo ist die Steuerung?"-Karten mithilfe von virtuellen Post-its vor, die wieder entfernt werden können.

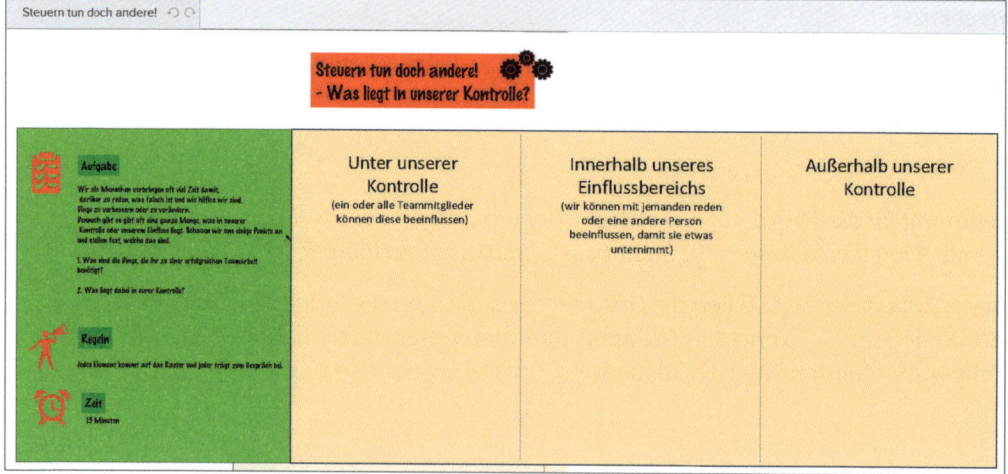

„Wo ist die Steuerung?"-Karte

Ein Wirbelsturm	Gesunde Ernährung	Dauer der Teambesprechungen	Team-Budget für das nächste Jahr
Geld einsparen Bundesgesetze, die unsere Branche betreffen		Verbesserung der Lese- und Schreibfähigkeit von Kindern in unserer Gemeinde	Sichtbarkeit unseres Teams innerhalb unserer Organisation
Spaß bei Teambesprechungen haben	Umsatz des Unternehmens	Verbesserung der für unsere Arbeitsplätze benötigten Fähigkeiten	Kundenbetreuung
Eis essen am Dienstag	Um wie viel Uhr mein Arbeitstag endet	Was ich zur Arbeit trage	Wenn ich zu Mittag esse

(Du kannst auch beliebige andere Themen wählen.)

Unter unserer Kontrolle (Ein oder alle Teammitglieder können dies beeinflussen.)	Innerhalb unseres Einflussbereichs (Wir können mit jemandem reden oder eine andere Person beeinflussen, damit sie etwas unternimmt.)	Außerhalb unserer Kontrolle

Durchführung: „Wir als Menschen verbringen oft viel Zeit damit, darüber zu reden, was falsch ist und wie hilflos wir sind, Dinge zu verbessern oder zu verändern. Dennoch gibt es oft eine ganze Menge, was in unserer Kontrolle oder unserem Einfluss liegt. Schauen wir uns einige Punkte an und stellen fest, welche das sind."

Erkläre, dass du die gesamte Gruppe in kleinere Break-out-Sessions aufteilen wirst. Teile den Link zum virtuellen Whiteboard im Chat. Die Teilnehmer folgen einfach dem Link, um zum vorbereiteten Whiteboard zu gelangen. Die Gruppe soll diskutieren, welche Karte innerhalb der Kontrolle des Teams, welche nur innerhalb des Einflusskreise des Teams oder außerhalb der Team Kontrolle liegt.

Top-Tipp!

Manchmal ist die Diskussion weitaus wertvoller als die eigentliche Kartenlegung, da sie zeigt, wo Optimismus, Pessimismus, Stärke usw. vorhanden sind. Eine gute Möglichkeit wäre, die Ergebnisse der Übung „#16 Was wollen wir in Zukunft?" zu verwenden.

Regel: Jedes Element kommt auf das Raster und jeder trägt zum Gespräch bei.

Reflexion:

- Wie war es, an diesem Gespräch teilzunehmen?
- Was ist euch an eurer eigenen Einstellung aufgefallen?
- Wie könnte euch das bei zukünftigen Projekten helfen?

#17 Es ist ein „Was"?

Ziel: Die Teilnehmer verstehen Hindernisse in der Zusammenarbeit besser und erleben die Vorteile eines kollaborativen Prozesses.

Zeitbedarf: ca. 10–15 Minuten

Anzahl der Personen: bis zu 10 Teilnehmer

Virtuelle Ressourcen: virtueller Besprechungsraum und ein virtuelles Whiteboard zum Zeichnen, virtuelle Break-out-Sessions

Durchführung: Bilde zwei Gruppen: A und B. Sende eine private Chat-Nachricht an die Gruppe A mit der Aufgabe: *„Zeichnet ein Auto."* Sende eine private Chat-Nachricht an die Gruppe B mit der Aufgabe: *„Zeichnet eine Palme auf einer Insel."*

Gib anschließend im Plenum die folgenden Anweisungen:

- *„Eine Person im Team A beginnt mit dem Zeichnen. Alle haben die Aufgabe in ihrem privaten Chat erhalten. Nach fünf Sekunden übernimmt der nächste Kollege und muss die Zeichnung ergänzen. Nach fünf Sekunden übernimmt der nächste Kollege und so weiter. Ich werde den Wechsel ansagen, wenn fünf Sekunden vorbei sind.*
- *Während der Übung ist keine Diskussion erlaubt. Es darf nicht gesprochen werden.*
- *Die Zeichnung muss in einer Minute fertig sein."*

Reflexion:

- Habt ihr ein erkennbares Bild gezeichnet?
- Wie einfach war die Verständigung zwischen euch?
- Wie habt ihr bei dieser Aufgabe zusammengearbeitet?
- Welche Auswirkung hatte der Zeitdruck?

- Wie beurteilt ihr das „Zuhören" ohne Worte?
- Was war eure Erwartung an die fertige Zeichnung?
- Inwiefern hat sich eure Erwartung während der Übung geändert? Warum?
- Wozu war es wichtig, einen offenen Geist zu bewahren?
- Was hat Flexibilität mit Zusammenarbeit zu tun?
- Wie wirken sich Stress und Druck auf unsere Bereitschaft zur Zusammenarbeit aus?
- Warum kann es so wichtig sein, in Zeiten von Stress und Druck zusammen-zuarbeiten?

Übung: Emotionen durch Farbe in den virtuellen Raum bringen   #18

Ziel: Oftmals wirken virtuelle Meetings oder Trainings emotionslos. Doch das muss nicht sein. Ziel dieser Übung ist es, ganz gezielt die Emotionen der Teilnehmer zu einem Thema oder einer Situation in Erfahrung zu bringen. Die Teammitglieder lernen, ihren Emotionen Ausdruck zu geben. Das kann auch der Start einer gelebten Feedbackkultur sein.

Zeitbedarf: 10 Minuten

Anzahl der Personen: 20 Teilnehmer

Virtuelle Ressource: virtueller Meetingraum

Vorbereitung: Du lässt deinen Teilnehmern Farbkarten zukommen. Folgende Farben sind erforderlich: blau, rot, gelb, weiß, schwarz. Alternativ können die Teilnehmer die Karten zu Hause selbst erstellen.

Du legst eine Folie mit der Bedeutung der Farben an:

- blau = ganz entspannt
- rot = Reizthema
- gelb = macht Spaß
- weiß = zu wenig Wissen
- schwarz = Krise

Durchführung: Nach der Vorstellung eines Themas zeigst du deine vorbereitete Folie mit der Bedeutung der Farben. Du fragst: *„Wie ist eure Einstellung zum Thema? Bitte wählt die Karte, die eurer Einstellung am ehesten entspricht."* Anschließend hinterfragst du die Karten deiner Teammitglieder. Wichtig ist, dass du darauf achtest, dass jeder einmal zu Wort kommt.

#19 Kudos to you

Täglich vollbringen wir im Team unglaubliche Dinge – doch oft fällt es uns schwer, uns einen Moment Zeit zu nehmen, um die harte Arbeit unserer Kollegen durch positives Feedback zu würdigen. Mit Kudo-Karten können sich Teammitglieder gegenseitig für positives Verhalten belohnen und Wertschätzung ausdrücken.

Der Begriff „Kudos" wird verwendet, um anderen ein Lob auszusprechen oder um Anerkennung auszudrücken. Auch im Internet stößt man immer wieder auf diesen Ausdruck. So werden Kudos beispielsweise gerne in Foren oder Kommentarbereichen für besonders hilfreiche Posts von Nutzern verteilt.

Ziel: Eine Weiterentwicklung virtueller Teams setzt eine offene Feedbackkultur voraus. Oftmals geben sich Menschen kein Feedback, da ihnen das Vertrauen zu den Teammitgliedern oder der Führungskraft fehlt. Möglicherweise mangelt es auch an der gefühlten psychologischen Sicherheit. Kudo-Karten haben das Ziel, dieses Vertrauen im Team herzustellen. Sie helfen dabei, die Mechanik des Feedbacks und die damit verbundene Motivation auf positive Weise zu erleben.

Das Team übt Feedback, setzt sich mit der Frage auseinander, welches Verhalten vom Team gewünscht ist, und motiviert das Team zusätzlich. Kudos sind ein guter Baustein auf dem Weg in eine gute Feedbackkultur.

Zeitbedarf: ca. 5–10 Minuten pro Meeting

Anzahl der Personen: bis zu 20 Teilnehmer

Virtuelle Ressourcen: virtueller Meetingraum, virtuelle Pinwand (z. B. Mural Board oder Padlet)

Vorbereitung: Erstelle ein virtuelles Whiteboard und bereite einige Kudo-Karten vor.

Hier ist ein Beispiel für selbst erstellte Kudo-Karten:

Durchführung: Damit diese Karten nicht einfach so unter der Hand weitergegeben werden, geben wir ihnen Raum. Das Team hängt alle Karten, die ausgetauscht werden, gut sichtbar an eine virtuelle Pinwand (z. B. Mural Board oder ein Padlet). Alle Teammitglieder haben Zugang zu dem virtuellen Board und werden jederzeit erinnert. Nach einiger Zeit der Anwendung können Teams daraus ableiten, was dem Team wichtig ist und auf was es Wert legt. Möchte ein Teammitglied ein anderes für sein Verhalten loben, bringt es eine virtuelle Kudo-Karte an die virtuelle Pinwand. Die Karten sollten nicht anonymisiert angebracht werden, sondern mit einem Namen versehen sein.

Zu Beginn eines virtuellen Meetings wird die Kudo Wall geteilt. Neu hinzugekommene Kudo-Karten werden von dem Autor persönlich mit den Kollegen geteilt. Damit lernen die Teammitglieder, positives Feedback zu verbalisieren, und das Meeting startet mit positiven Emotionen.

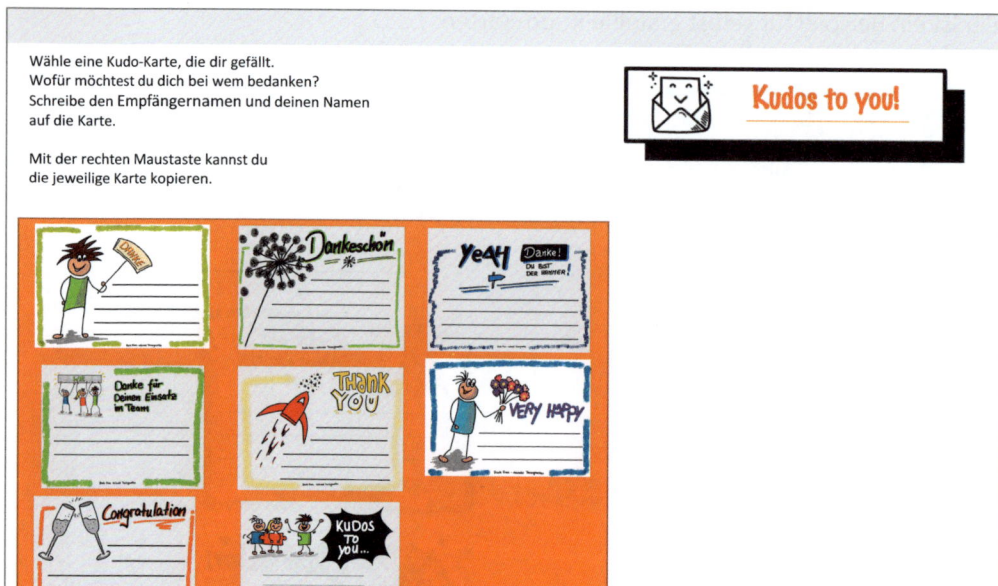

#20 Lass dich überraschen!

Diese Übung ist eine schöne Alternative, um sich gegenseitig besser und auf einer anderen Ebene kennenzulernen. Unsere Teilnehmer äußern regelmäßig, dass diese Übung sehr zur Teambindung beigetragen hat. Außerdem entdeckten sie Gemeinsamkeiten und Unterschiede jenseits „klassischer Kategorien" wie Alter, Geschlecht oder nationaler Kultur. Diese Aktivität ist auch nützlich, wenn du das Thema Selbstwahrnehmung versus Fremdwahrnehmung thematisieren möchtest.

Ziel: Ziel dieser Übung ist es, unbekannte Aspekte der anderen Teilnehmer kennenzulernen. Jeder Einzelne erhält ein Feedback zur Fremdwahrnehmung.

Zeitbedarf: 50 Minuten

Anzahl der Personen: 5–30 Teilnehmer

Virtuelle Ressourcen: virtueller Besprechungsraum, Umfragetool, virtuelles Whiteboard (z. B. Mural)

Vorbereitung: Erstelle ein virtuelles Whiteboard und teile den Link vor dem Meeting mit dem Team. Jedes Teammitglied wird gebeten, fünf überraschende Fakten über sich selbst zu teilen. Die Teammitglieder sind völlig frei in der Wahl der Fakten. Die Namen der Teammitglieder werden nicht notiert.

Beispielboard

Durchführung: Zu Beginn des Meetings teilst du den Link zu dem virtuellen Whiteboard. Jeder Teilnehmer wird gebeten, fünf der Post-its zu wählen. Jedes Teammitglied kann nun für den Rest der Besprechung über den Verfasser dieser überraschenden Fakten nachdenken. Du ermutigst das Team, informell oder in den Pausen weitere Informationen über die Kollegen zu sammeln.

Am Ende des virtuellen Treffens schreibt jeder Teilnehmer eine private Chat-Nachricht an die Person, von der er glaubt, Verfasser der überraschenden Fakten zu sein. Gib den Teilnehmern fünf Minuten Zeit, um die Nachrichten an verschiedene Kollegen zu verfassen. Gib weitere zwei Minuten Zeit, damit jeder seine privaten Nachrichten lesen kann. Im Anschluss tauscht sich das Team offiziell oder informell über die richtige Zuordnung der überraschenden Fakten aus.

Zum Schluss teilt jeder Teilnehmer die „topüberraschende" Tatsache (lediglich eine Tatsache) über sich selbst mit den anderen Teilnehmern im Plenum. Dies kann die Tatsache sein, die nicht richtig zugeordnet wurde, oder eine andere überraschende Tatsache.

 Top-Tipp!

Manchmal fällt es den Teilnehmern schwer, „überraschende" Fakten über sich selbst zu nennen. Es kann helfen, ihnen zu sagen, dass auch eher „kleine" Dinge überraschend sein können. Die Anzahl der Karten sollte auf fünf Karten pro Teilnehmer begrenzt werden. Sonst dauert die Aktivität zu lange. In größeren Gruppen können auch drei Karten pro Teilnehmer ausreichend sein.

#21 Wir intensivieren unser Kennenlernen! Video-Interview

Das ist eine großartige Übung, um Teammitglieder intensiver kennenzulernen und Vertrauen aufzubauen. Es werden Interviews von jedem Mitglied aufgezeichnet, die leicht mit dem gesamten Team geteilt werden können. Die Interviewfragen gehen jedoch deutlich über die herkömmlichen Fragen des Kennenlernens hinaus. Daher sollte das Team schon eine gewisse Zeit zusammengearbeitet haben und etwas Vertrauen entwickelt haben.

Ziel: Ziel ist es, eine Verbindung zwischen den Teammitgliedern herzustellen und das Vertrauen zu stärken, indem sie ein Interview aufzeichnen. Werden die Videos gepostet, erreicht die Information auch Teammitglieder, die nicht zur gleichen Zeit an der virtuellen Veranstaltung teilnehmen konnten.

Zeitbedarf: 5–30 Minuten

Anzahl der Personen: 2–200 Teilnehmer, aufgeteilt in Paare

Virtuelle Ressourcen: virtuelles Meeting Tool, Cloud (z. B. Dropbox)

Vorbereitung: „Ihr habt nun die Möglichkeit, einen Kollegen intensiver kennenzulernen. Dazu habe ich Paare gebildet. Bitte interviewt euch gegenseitig. Die Fragen findet ihr im Interviewleitfaden. Ihr habt 20 Minuten Zeit für das Interview, zehn Minuten pro Person. Bitte nehmt das Interview auf und ladet das Video in unseren Team-Speicher hoch."

Die Teilnehmer interviewen sich bis zum nächsten virtuellen Meeting.

Beispielfragen:

- Was war das beste Team, in dem du gearbeitet hast? Was hat es für dich zum besten Team gemacht?
- Was hast du vor diesem Job gemacht?
- Was ist dein größter beruflicher Erfolg und welche Rolle hattest du inne?
- Was war für dich die schwierigste Arbeitssituation, mit der du konfrontiert warst, und wie bist du damit umgegangen?
- Was ist der größte Fehler, der dir unterlaufen ist? Wie bist du damit umgegangen?

 Top-Tipp!

Lass das gesamte Team über das beeindruckendste Interview abstimmen.

Reflexion:

- Wie sind die Interviews gelaufen?
- Hast du etwas Neues über deinen Kollegen gelernt? Wenn ja, was?
- Welchen Einfluss hatte das Interview auf dein Vertrauen zu dem Kollegen? Wie hat es sich dadurch verändert? Warum?
- Wie wirst du deinem Kollegen in Zukunft begegnen?
- Was können wir tun, um auch in der virtuellen Arbeit Vertrauen zu entwickeln?

Mein Stil – dein Stil – unser Stil!   #22

Hier geht es darum, frühzeitig Einblicke in eigene Vorlieben und die eigene Persönlichkeit zu gewähren. Der Aufbau von Vertrauen erfordert die Bereitschaft, offen zu sein und mehr von uns als Mensch zu zeigen. Dies ist ein energiereicher und interaktiver Ansatz, um die Mitglieder des Teams einzuschätzen. Wer sind meine Kollegen? Nach dieser Übung werden die Teilnehmer einander und vielleicht auch sich selbst ein wenig besser kennen.

Ziel: Das Team wird eigene Arbeitsstile und die der Teamkollegen entdecken. Ziel ist es, Verständnis für bestimmte Verhaltensweisen der Kollegen zu entwickeln.

Zeitbedarf: ca. 30–40 Minuten

Anzahl der Personen: bis zu 20 Teilnehmer, aufgeteilt in Teams von 4–5 Teilnehmer pro Break-out-Session

Virtuelle Ressourcen: virtueller Besprechungsraum, Break-out-Sessions, virtuelles Whiteboard

Vorbereitung: Bereite ein virtuelles Whiteboard vor. Erstelle für jede der genannten Eigenschaften ein Post-it. Ein Satz Post-its (alle Farben und alle Eigenschaften) reicht für ein Team von bis zu 20 Personen. Auf dem Board legst du einen Platz für jeden Spieler an und stellst fünf Karten pro Person bereit.

Beispiel eines vorbereiteten Boards:

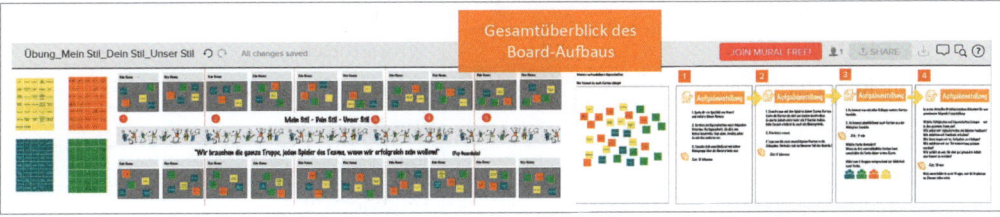

GELBE POST-ITS (Erstelle pro Eigenschaft ein gelbes Post-it.)	
kühn	risikofreudig
intensiv	erledigt es einfach
produktiv	natürlicher Führer
mag Kontrolle	zielgerichtet
zuversichtlich	entscheidend
gewagt	unruhig
konkurrenzfreudig	durchsetzungsfähig
kraftvoll	bestimmt
willensstark	ungeduldig
direkt	unabhängig
leistungsstark	Meinungsbildner
herausfordernd	managt die Zeit
kurz und bündig	liebt Wettbewerb
kann Untätigkeit nicht ertragen	hat hohe Ansprüche an sich selbst
unkompliziert	bringt es auf den Punkt
ergebnisorientiert	selbstbewusst
organisiert	schnelllebig

ORANGE SPIELKARTEN (Erstelle pro Eigenschaft ein orangefarbiges Post-it.)	
optimistisch	enthusiastisch
offen	impulsiv
emotional	gesprächig
charmant	abenteurer
vertrauensbereit	temperamentvoll
charismatisch	positiv
lebenslustig	bindet andere ein
spontan	energetisch
animiert andere	kontaktfreudig
warmherzig	sympathisch
ideenzentriert	offen für Beiträge
flexibel	fröhlich
neugierig	liebt Menschen
ausdrucksstark	motivierend
demonstrativ	inspiriert andere
liebt das Rampenlicht	beeinflussend
überzeugend	begeisternd

BLAUE SPIELKARTEN (Erstelle pro Eigenschaft ein blaues Post-it.)	
gewissenhaft	konform
objektiv	angenehm
harmonisch	tolerant
Kümmerer	guter Zuhörer
liebt Kooperationen	liebenswürdig
akzeptierend	interessiert
plant	vorhersehbar
geduldig	ordnet sich gerne unter
unbeschwert	kooperativ
unterstützend	Abneigung gegen Konfrontation
anpassungsfähig	unentschlossen
gleichmütig	inhaltsorientiert
empfindlich	beherrscht
kompetent	schlichtet Probleme
beruhigend	nachsichtig
einfühlsam	stetig
natürlicher Teamplayer	bietet Hilfe an

GRÜNE SPIELKARTEN (Erstelle pro Eigenschaft ein grünes Post-it.)	
vorsichtig	logisch
analytisch	präzise
skeptisch	taktvoll
konsistent	perfektionistisch
detailorientiert	faktisch
genau	mag Regeln
fokussiert	reserviert
diszipliniert	selbstkritisch
konservativ	fokussiert
mag Daten und Fakten	zurückhaltend
fleißig	strukturiert
qualitätsorientiert	natürlicher Planer
seriös	zielgerichtet
sieht die Probleme	denkt wirtschaftlich
folgt anderen	gründlich
will Fehler vermeiden	setzt hohe Standards
gewissenhaft	zeigt wenig Emotion

Handout: Zusammenarbeiten im Team mit unterschiedlichen Vorlieben und Stärken

Bitte diskutiert in eurer Kleingruppe folgende Fragen:

Bei der Arbeit und als Teil eines Teams …

1. Welche Fähigkeiten und Eigenschaften bringen wir in das gesamte Team ein?
2. Wie geben wir typischerweise am liebsten Feedback?
3. Wie möchten wir Feedback erhalten?
4. Wie bevorzugen wir es, Aufgaben zu erledigen?
5. Wie möchten wir zur Verantwortung gezogen werden?
6. Wie gefällt es uns, für eine gut gemachte Arbeit anerkannt zu werden?

Durchführung: Teile das gesamte Team in kleinere Teams von vier bis fünf Personen auf. Richte die Break-out-Sessions ein. Mische alle Karten auf dem Board.

- **Schritt 1:** Teile den Link zum virtuellen Whiteboard. Wenn die Teilnehmer angekommen sind, bitte sie, einen Spielplatz auf dem Board zu wählen und ihre Namen auf ihren Platz zu schreiben. Fordere sie nun auf, die vor ihnen liegenden Post-its in eine Reihenfolge zu bringen. Die Eigenschaft, die ihre Persönlichkeit am besten beschreibt, liegt an erster Stelle. Die anderen Eigenschaften werden entsprechend priorisiert. Sobald jeder seine Karten geordnet hat, erklären die Teilnehmer ihrem Team, warum sie ihre Karten in diese Reihenfolge gebracht haben (Zeit: 15 Minuten).
- **Schritt 2:** Nun können die Teammitglieder Karten tauschen. Ziel ist es, Eigenschaften zu bekommen, die die eigene Persönlichkeit am exaktesten widerspiegeln. Nach dem Tausch bittest du jedes Teammitglied, zwei Karten abzulegen und die drei Karten zu behalten, die die eigene Persönlichkeit am besten widerspiegeln (Zeit: fünf Minuten).
- **Schritt 3:** Dann beendest du die kleinen Break-out-Sessions und bringst die Teilnehmer zurück ins Plenum. Sobald sie zurück sind, eröffnest du den Handel für die gesamte Gruppe – wieder ist das Ziel, die beste (genaueste) Hand zu bekommen (Zeit: fünf Minuten).
- **Schritt 4:** Nach einigen Minuten des Handelns im ganzen Raum erlaubst du auch das Handeln mit abgelegten Post-its.
- **Schritt 5:** Die Teilnehmer haben am Ende jeweils drei Karten. Lass sie noch einmal die Karten priorisieren. Wenn sie zwei oder drei Karten der gleichen Farbe haben, dann ist das ihr Stil. Wenn sie drei verschiedene Farben haben, ist die oberste farbige Karte ihr Stil. Nun bildest du virtuelle Kleingruppen mit Teilnehmern des gleichen Farbstils. In den Kleingruppen liest jedes Teammitglied seine wichtigsten drei Eigenschaften vor. Anschließend diskutieren sie

die Fragen auf dem Handout. Nach zehn Minuten beendest du die Break-out-Sessions und holst die Teilnehmer ins Plenum zurück.

Reflexion:

1. Wie hat euch die Übung dabei geholfen, euch selbst und andere im Team besser zu verstehen?
2. Inwiefern kommt dies dem Team zugute?
3. Wie können die Teammitglieder weiterhin ein tieferes Verständnis füreinander entwickeln?
4. Welche wichtigen Teamfähigkeiten werden bei einer solchen Aktivität aufgedeckt?
5. Wie könnt ihr diese Fähigkeiten bei der gemeinsamen Arbeit entwickeln?

**Backstage 14: Und es gibt sie doch!
Die Kunden, die einem freistellen, mit
welchem Tool man arbeitet**

In den letzten Jahren haben sich die virtuellen Räume immer weiterentwickelt. Ich startete meine virtuellen Trainings und Coachings mit Webex. Doch während der Corona-Krise entstanden schnell neue Tools, die wesentlich intuitiver in der Bedienung sind und eine bessere Kameraansicht boten. Ich legte mir schnell einen Zoom-Account zu und war davon sehr überzeugt.

Für einen Kunden aus der Dienstleistungsbranche konzipierte ich eine virtuelle Teamentwicklung und überzeugte den Kunden, die Teamentwicklung in Zoom durchführen zu dürfen. Ich habe mich sehr darüber gefreut. So schien aus meiner Sicht Zoom viel intuitiver in der Anwendung. Der Kunde gestattete mir die Nutzung von Zoom unter der Voraussetzung, dass ich die Teilnehmer einlud. Gesagt, getan! Alle Teilnehmer waren sehr begeistert von Zoom. Doch der Kunde hatte nach der Teamentwicklung ein massives Akzeptanzproblem. Denn das Personal nahm nach der virtuellen Teamentwicklung das hauseigene Kooperationstool Webex nicht mehr an.

Diese Erfahrung machte mich nachdenklich. Ist es wirklich sinnvoll, nur auf dem eigenen virtuellen Raum zu bestehen? Aus zwei wichtigen Gründen teile ich diese Auffassung nicht mehr:

- Indirektes Ziel bei einer virtuellen Teamentwicklung muss es auch sein, Akzeptanz für das eigene Tool zu erzeugen. Das Medium der Zusammenarbeit ist schließlich die virtuelle Besprechungs-Plattform des Kunden. Das erreichst du, indem du seine Plattform nutzt.
- Bei technikunerfahrenen und vorsichtigen Teilnehmern löst ein neuer virtueller Raum zusätzlichen Stress aus. Daher hilft ihnen das vertraute Umfeld.

Als virtueller Teamcoach nutzt du idealerweise den virtuellen Raum des Teams und zeigst den Teilnehmern, wie sie diesen für ihre Zwecke effizient und kreativ nutzen können. Mach es den Teilnehmern technisch so einfach wie möglich. Weniger ist manchmal mehr!

#23 Debatte versus Dialog

Ziel: Ziel ist es, die eigene Position zu vertreten und dabei die Perspektive der anderen zu berücksichtigen. Es geht auch darum, den Unterschied zwischen Debatte und Dialog zu verstehen und die Dialogfähigkeit der Teammitglieder zu entwickeln.

Zeitbedarf: ca. 30 Minuten

Anzahl der Personen: bis zu 20 Teilnehmer

Virtuelle Ressourcen: virtueller Besprechungsraum und ein virtuelles Whiteboard

Vorbereitung: Bereite ein virtuelles Whiteboard mit Haftnotizen vor, die später von den Teilnehmern entfernt werden können. Mische alle Aussagen.

Beispielboard

Es gibt nur eine richtige Antwort.	Es braucht unterschiedliche Perspektiven, um zu einer richtigen Antwort zu kommen.
Die Gesprächspartner versuchen, der anderen Seite das Gegenteil zu beweisen.	Die Teilnehmer arbeiten auf ein gemeinsames Verständnis hin.
Gewinnen zählt.	Erkunden von Gemeinsamkeiten zählt.
Zuhören, um Gegenargumente zu finden.	Zuhören, um zu verstehen.
Die eigenen Annahmen als Wahrheit verteidigen.	Offenlegen und Überprüfen eigener Annahmen zur Neubewertung.
Zwei Seiten eines Problems sehen.	Alle Seiten eines Problems sehen.
Die eigenen Ansichten gegen die der anderen verteidigen.	Zugeben, dass die Perspektiven anderer die eigene Situation verbessern können.
Suche nach Fehlern und Schwächen in den Positionen anderer.	Suche nach Stärken und Chancen in den Positionen der anderen.
Indem man einen Gewinner und einen Verlierer schafft, werden weitere Diskussionen im Keim erstickt.	Das Thema wird offengehalten, auch nachdem die Diskussion formal beendet ist.
Suche nach der Bestätigung der eigenen Position durch Abstimmung über das Ergebnis.	Entdecken neuer Optionen.
Mein Team (meine Mannschaft), dein Team (deine Mannschaft)	Gemeinsam sind wir stärker.

Durchführung: Führe in die Übung ein: *„In dem Moment, in dem wir denken, dass jemand anders eine andere Meinung haben könnte, werden wir durch unseren Wettbewerbsinstinkt geleitet und wir verbeißen uns in unsere Position und verteidigen sie. Zuhören gibt es nicht, denn während der andere spricht, formulieren wir bereits unsere Gegenargumente, um unseren Standpunkt zu vertreten. Oder wir schweigen und sind nicht bereit, unsere Meinung zu äußern, weil uns das Vertrauen dazu fehlt."*

Sobald die Teammitglieder den Unterschied zwischen Debatte und Dialog kennen, erkennen sie die Möglichkeit eines Sowohl-als-auch-Ansatzes anstelle eines Entweder-oder-Ansatzes.

Teile dem Team mit: *„Wir werden eine Übung mit dem Titel 'Debatte versus Dialog' durchführen. In einer Minute werde ich euch in kleinere Gruppen aufteilen. Wir werden drei virtuelle Break-out-Räume haben. Im Chat findet ihr den Link zum virtuellen Whiteboard. Bitte folgt einfach dem Link. Auf dem virtuellen Whiteboard findet ihr Post-its, die entweder eine Eigenschaft der Debatte oder des Dialogs enthalten. Zu jedem Post-it gibt es ein korrespondierendes Post-it. Auf einem Post-it könnte zum Beispiel stehen: 'Gewinnen ist das Endziel'. Auf dem zweiten Post-it könnte stehen: 'Die beste Lösung zu finden ist das Endziel'. Eure Aufgabe ist es, die Post-its zuzuordnen und sie entweder der 'Debatte' oder dem 'Dialog' zuzuordnen. Das Team, das die Übung zuerst richtig beendet hat, gewinnt das Spiel. Ihr habt vier Minuten Zeit für das Spiel."*

Wenn alle Gruppen fertig sind, beendest du die Break-out-Sessions. Im Plenum verteilst du die richtigen Antworten.

Reflexion: Schicke die Teilnehmer zurück in die Break-out-Sessions. Bitte sie, ihre Antworten zu überprüfen und die folgenden Fragen zu diskutieren:

1. Was sind die Vorteile des Dialogs?
2. Wie schätzt ihr unsere Dialogfertigkeiten ein?
3. Was hindert uns an einem Dialog?
4. Wie können wir unsere Dialogfähigkeit fördern?

Die Teilnehmer notieren ihre Antworten auf dem Whiteboard. Sind alle Teams wieder ins Plenum zurückgekehrt, teilen sie ihre Vorschläge. Das gesamte Team einigt sich auf die besten Lösungsideen.

Die Zeit für die Nachbesprechung beträgt 15 Minuten.

Backstage 15: Wenn die Bombe platzt! Souverän mit negativen Emotionen im virtuellen Raum umgehen

Hier geht es darum, aus bereits gemachten Fehlern zu lernen! Ich bekam eine Anfrage für eine virtuelle Teamentwicklung bei einem Kunden aus der Branche Automotive. Das Unternehmen war während der Corona-Krise stark unter Druck geraten. Mitarbeiter arbeiteten kurz und Restrukturierungen waren die Folge. Für ein neu zusammengesetztes Team sollte eine virtuelle Teamentwicklung gestartet werden. Ich überlegte mir also ein paar – aus meiner Sicht – positive Check-in-Fragen:

- *„Welche Energie bringe ich heute in den Workshop ein?"* und *„Wenn ich eine Batterie wäre, wie geladen bin ich dann?"*

Die Antworten, die ich enthielt, überraschten mich: *„Energie habe ich keine mehr!"* und *„Ich bin äußerst geladen!"* Nach einem kurzen Schockmoment erinnerte ich mich an die **STOP-Regel:**

S = Step back (Halte kurze inne und reflektiere das Gehörte.)

T = Think (Denke nach, was der nächste Schritt sein kann.)

O = Organize your thoughts (Überlege dir, was diese Aussage verursacht hat und was mögliche andere Ursachen sein könnten.)

P = Proceed (Mach weiter.)

Mit diesem Vorgehen und lösungsorientierten Fragen (*„Was würde dein Engagement erhöhen?" „Wann wäre es dennoch ein erfolgreicher Workshop für dich?"* und *„Woher kommt dieser hohe Energiestatus?"*) konnte ich die Situation gut meistern.

Emotionale Ausbrüche kann es auch bei der virtuellen Arbeit mit Teams geben. Professionelle Führungskräfte, Trainer und Coaches sollten diese negativen Emotionsausbrüche virtuell sicher auffangen können, ohne jedoch in die Experimentierkiste zu greifen. Während einer Teamentwicklung sollten wir daher stets aufmerksam und wachsam sein.

Es gilt, unsere Online-Antennen zu schärfen:

- Achte auf alle Teammitglieder! Eine eingeschaltete Kamera ist zentral.
- Sprich deine eigene Wahrnehmung an: *„Ich nehme gerade wahr, dass …"*
- Stille ist ein stärkeres Alarmsignal als mancher Gefühlsausbruch.
- Im Zweifel Einzelne direkt ansprechen.
- Danach noch einmal zum Telefon greifen und anrufen.
- Auf keinen Fall Gruppendruck entstehen lassen, wenn ein Mitglied des Teams sich nicht äußern möchte.

Negative Emotionen sind weder falsch noch richtig, noch sind sie zu vermeiden. Sie können auch im virtuellen Raum auftreten. Wichtig ist es jedoch, sie aufzufangen. Wer sich den Umgang mit solchen Situationen nicht zutraut, sollte die Finger von emotionalen Einstiegen lassen.

Wähle einen positiven und ressourcenorientierten Check-in:

Es gibt Check-ins, die stärker in eine gewünschte emotionale Richtung laufen. Das geschieht immer dann, wenn du schöne Erinnerungen wachrufst, Ressourcen aktivierst oder Stärken ansprichst. Hier findest du einige schöne Beispiele dazu:

- Erinnerung an ein schönes Erlebnis. *(„Was war dein schönes Teamerlebnis?")*
- Frage nach besonderen Stärken. *(„Welche deiner besonderen Stärken kannst du heute einbringen?")*
- Frage nach einem glücklichen Erlebnis.
- Frage nach einem Gegenstand, der positive Resonanz erzeugt. *(„Suche einen Gegenstand, der bei dir positive Erinnerungen erzeugt, und halte ihn in die Kamera.")*
- (…)

#24 Ja!

Ziel: Diese Übung hilft den Teammitgliedern, offener für Vorschläge anderer zu werden. Sie erkennen die Wirkung ihrer Worte. Es ist eine lustige Übung, die das Team locker und ein bisschen albern werden lässt. Es ist eine großartige Aktivität, die gut vor einem Brainstorming oder einer kreativen Lösungsfindung eingesetzt werden kann, um hervorzuheben, dass alle Ideen gute Ideen sind.

Zeitbedarf: 15 Minuten

Anzahl der Personen: beliebig

Virtuelle Ressource: Online-Besprechungs-Plattform

Durchführung: Bitte alle Teilnehmer, sich vor ihre Kameras zu stellen und vom Tisch zu entfernen. Bitte nun jeden Teilnehmer, einen Vorschlag zu nennen, der die Situation des Teams verbessert. Beginne selbst mit dem ersten Vorschlag, wie zum Beispiel: „Lasst uns eine regelmäßige virtuelle Kaffeepause machen!" Immer wenn ein Vorschlag aufgerufen wird, soll das Team begeistert „Ja!" rufen und die Hände in den Himmel heben. Dann bittest du einen anderen Teilnehmer, eine weitere Idee zu äußern, und die ganze Gruppe ruft begeistert „Ja!" und reißt die Hände nach oben. Jetzt wird ein weiteres Teammitglied dazu aufgefordert, seine Idee zu äußern. Setze dies für mehrere Minuten fort.

Regeln:

- Was auch immer der Vorschlag ist, jeder soll laut „Ja!" rufen und die Hände in den Himmel heben.
- Alle Vorschläge sind willkommen und werden nicht diskutiert!

Reflexion:

1. Wie hat es sich angefühlt, dass deine Idee willkommen war?
2. Wie hat sich die Energie im Raum während der Übung verändert?
3. Was hast du über dich selbst gelernt?
4. Wie kannst du offener für neue Ideen werden?
5. Was haben wir darauf, für unsere virtuelle Zusammenarbeit gelernt?

So ein Mist!   #25

Ein erfolgreiches Team hört einander zu und gibt sich unterstützendes Feedback. Die Teammitglieder sind empathisch, stellen Fragen und unterstützen sich gegenseitig. Häufig jedoch beschweren wir uns gerne über Rahmenbedingungen und unser Umfeld und sehen nicht die Möglichkeiten, die uns die Situation bietet.

Ziel: Das Positive in scheinbar negativen Situationen zu sehen und lösungsorientiert zu denken und zu handeln.

Zeitbedarf: ca. 40 Minuten

Anzahl der Personen: beliebig; in Paaren

Vorbereitung: Richte virtuelle Break-out-Sessions für die Paare ein und bitte die Teilnehmer, Papier und Stift dabeizuhaben.

Durchführung: Diese Übung besteht aus zwei Phasen.

Erläutere zunächst Phase 1: *„Ich möchte euch zu einer virtuellen Partnerarbeit in Break-out-Sessions einladen. In den ersten zwei Minuten wird sich Person A bei Person B über eine Situation beschweren. Person B hört nur zu. Es werden keine Ideen und Lösungen geteilt. Person B gibt auch keine Kommentare ab. In den ersten zwei Minuten geht es nur um die Beschwerden von A. Nach Ablauf der Zeit macht sich B* *einige Notizen zum Gespräch. Danach tauscht ihr die Rollen und startet den Prozess erneut. Ihr habt in Summe acht Minuten Zeit."*

Sobald die Zeit vorbei ist, beendest du die Break-out-Sessions. Auf einem virtuellen Whiteboard zeichnest du eine Skala von 0 bis 10 und bittest deine Teilnehmer, auf dem Whiteboard folgende Frage zu beantworten: *„Auf einer Skala von 0 (richtig schlecht) bis 10 (supergut) – wie geht es euch emotional nach diesem Gespräch? Bitte zeichnet ein Kreuz auf der Skala."*

Phase 2: Sobald die Teilnehmer wieder im Plenum sind, bittest du die Teilnehmer, die erhaltenen Beschwerden in Möglichkeiten umzuwandeln. *„Lasst uns nun lösungsorientiert denken und arbeiten. Nehmt euch einen Moment Zeit und schaut euch in Ruhe eure Aufzeichnungen an. Was ist das Positive an den Beschwerden deines Partners? Was sind einige mögliche positive Ergebnisse, über die dein Partner gesprochen hat? Was ist die Chance dieser Herausforderung? Was ist eine Teillösung? Mach dir auch dazu Notizen. In der nächsten Gesprächsrunde werdet ihr wieder in die virtuellen Break-out-Sessions zurückkehren. Diesmal werdet ihr in einen lösungsorientierten Dialog eintreten."* Nach Ablauf der Zeit startest du die Break-out-Sessions für weitere acht Minuten.

Reflexion:

Wenn sich alle Teilnehmer wieder im Plenum versammelt haben, stellst du folgende Fragen:

1. Wie hat sich deine Skala verändert? Wodurch?
2. Was hat dich überrascht?
3. Wie ging es dir in der Rolle des Beschwerenden?
4. Wie ging es dem zuhörenden Gesprächspartner in beiden Runden? Worin lag der Unterschied?
5. Was haben wir aus der Übung gelernt? Worauf können wir in unserem Arbeitsalltag achten?

#26 Hot Buttons

Ziel: Die Teammitglieder erfahren mehr über ihre Hot Buttons. Sie lernen, sich selbst und andere besser zu verstehen. Während der Übung entwickeln die Teilnehmer ein Bewusstsein dafür, welche Barrieren negative Emotionen schaffen können. Die Teilnehmer lernen, ihre negativen Emotionen besser zu kontrollieren.

Zeitbedarf: 15–20 Minuten

Anzahl der Personen: beliebig (ideal sind kleine Teilgruppen mit 4–7 Teilnehmern)

Virtuelle Ressource: virtueller Besprechungsraum

Durchführung: „In den nächsten fünf Minuten werdet ihr mehr über die Bedeutung negativer Emotionen im Arbeitsalltag erfahren. Ihr erhaltet die Gelegenheit, den anderen Mitgliedern eures Teams zu sagen, welche emotionalen Hot Buttons sie bei euch drücken können, um euch in einen negativen emotionalen Zustand zu bringen. Bitte notiert euch kurz konkrete Dinge, die andere tun können, um unbewusst oder bewusst euren Hot Button zu drücken."

Zum Beispiel: Mein emotionaler Hot Button wird gedrückt durch …

- *… einen unhöflichen Ton.*
- *… die Aussage: 'Halt die Klappe!'*
- *… schlechte Grammatik.*
- *… aufdringliche Personen.*
- *… Besserwisser.*
- *… Verallgemeinerungen wie nie/immer/alle.*
- *… Leute, die nicht auf den Punkt kommen."*

Nachdem die Teilnehmer ihre Hot Buttons aufgeschrieben haben, stellen sie diese dem Team vor.

Reflexion:

1. Nachdem ihr euch nun eurer emotionalen Hot Buttons bewusst seid, was können wir dagegen tun?
2. Wie können wir selbst lernen, unsere Hot Buttons zu erkennen und zu kontrollieren?
3. Woran erkennen wir, dass wir den Knopf eines anderen gedrückt haben, und wie gehen wir dann damit um?
4. Welchen Beitrag leistet diese Übung zu einem besseren Umgang miteinander?

Künstliche Harmonie bringt keinen weiter!   #27

Ziel: Das konstruktive Auseinandersetzen mit verschiedenen Themen und das Austauschen unterschiedlicher Positionen führen zu einer höheren Identifikation der Teammitglieder mit der Aufgabe. Daher ist es sinnvoll, präventiv konstruktive Vorgehensweisen zur Konfliktklärung zu vereinbaren und sich im Team darauf zu verständigen.

Zeitbedarf: 30–45 Minuten

Anzahl der Personen: 6–50 Teilnehmer (aufgeteilt in sechs virtuelle Teams)

Virtuelle Ressourcen: virtueller Besprechungsraum, virtuelles Whiteboard, sechs Break-out-Sessions

Vorbereitung: Bereite das virtuelle Whiteboard vor. Lege sechs Abschnitte entsprechend den unten genannten Schritten zur Konfliktlösung fest.

Beispielboard

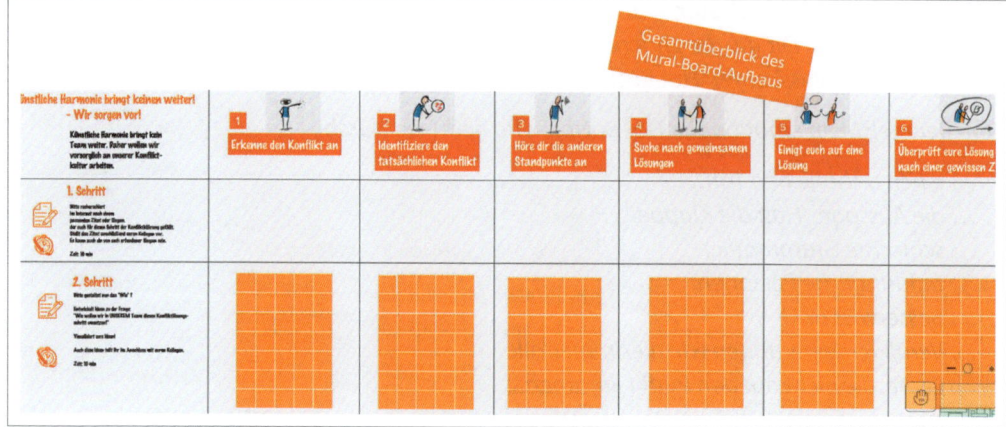

Durchführung: Teile die Gruppe in sechs virtuelle Sub-Teams auf. Jedes Team erhält den Auftrag, einen der „6 Schritte zur Konfliktlösung" (unten aufgelistet) zu bearbeiten.

Schritte zur Konfliktlösung:

1. Erkenne den Konflikt an.
2. Identifiziere den tatsächlichen Konflikt.
3. Hör dir alle Standpunkte an.
4. Sucht gemeinsam nach Möglichkeiten, um den Konflikt zu lösen.
5. Einigt euch auf eine Lösung.
6. Fasst nach, um die Auflösung zu überprüfen.

1. Runde: *„Das konstruktive Auseinandersetzen mit Themen und der Austausch unterschiedlicher Meinungen hilft uns als Team dabei, besser zu werden. Damit wir jedoch nicht in unproduktive Konfliktmuster verfallen, wollen wir uns präventiv mit wirkungsvollen Vorgehensweisen der Konfliktklärung auseinandersetzen."*

Du stellst nun die „6 Schritte zur Konfliktlösung" vor. Danach teilst du die Gruppe in sechs virtuelle Teilgruppen auf und stellst den Link zu dem Board zur Verfügung. Anschließend führst du in die erste Runde ein: *„Bitte sucht euch zunächst im Internet ein Zitat aus, das euch für diese Stufe passend scheint. Ihr könnt auch gerne einen eigenen Slogan entwickeln. Notiert das Zitat bitte auf das virtuelle Whiteboard. Ihr werdet es im Anschluss euren Kollegen vorstellen. Dafür habt ihr zehn Minuten Zeit."*

Nach Ablauf der Zeit beendest du die Break-out-Sessions und holst die Teilnehmer in das Plenum zurück. Jedes Team stellt sein Zitat oder den eigenen Slogan vor. Lass dir vor allem auch die Hintergründe erklären, die zu der Auswahl des Zitats oder des Slogans geführt haben."

 Top-Tipp!

Du kannst dich auf „Die 5 Dysfunktionen eines Teams" von Patrick Lencioni beziehen.

2. Runde: Auch in der zweiten Runde bleiben die Gruppen bei ihrem Thema. Du führst nun in den weiteren Auftrag ein: *„Ich bitte euch, in der zweiten Runde konkrete Ideen zu der Frage 'Wie wollen wir diesen Schritt in UNSEREM Team umsetzen?' zu entwickeln. Notiert eure Ideen auf die zur Verfügung stehenden Post-its. Ihr werdet diese Ideen später ebenfalls mit euren Kollegen teilen. Dafür stehen euch zehn Minuten zur Verfügung."*

Dann startest du die Break-out-Sessions. Nach Ablauf der Zeit stellt jedes Team die erarbeiteten Ideen im gesamten Plenum vor.

3. Runde: Das gesamte Team votet aus dem Team die drei besten Verhaltensweisen.

Das Ergebnis des Boards bleibt in der virtuellen Teamumgebung sichtbar oder du mailst jedem Teammitglied einen Screenshot. Damit hast du eine gute Grundlage für spätere Retrospektiven geschaffen.

 Top-Tipp!

Beziehe dich bei Retrospektiven immer auf die Zitate, um Akzeptanz und Zustimmung zu schaffen.

Reflexion:

- Auf welche Weise helfen uns diese Slogans oder Zitate?
- Wie kann uns dieses Board in Zukunft unterstützen?

 ## 2.4 Norming-Phase: Was zeichnet uns aus?

In dieser Phase werden die Mitglieder konkurrierende Loyalitäten und Verantwortlichkeiten unter einen Hut bringen. Sie akzeptieren das Team, die Grundregeln oder „Normen" des Teams, ihre Rollen im Team und die Individualität der anderen Mitglieder. Emotionale Konflikte werden reduziert, da zuvor konkurrierende Beziehungen kooperativer werden. Mit anderen Worten: Wenn die Teammitglieder erkennen, dass sie nicht alleingelassen werden, hören sie auf, sich zu bekämpfen, und beginnen, sich gegenseitig zu unterstützen. Der Schlüssel zum Erfolg in dieser Phase ist es, das Vertrauen des Teams in seine Fähigkeiten zu stärken, Differenzen zu überwinden, ohne dass sich jemand ausgegrenzt oder benachteiligt fühlt.

Die Norming-Phase beinhaltet folgende Gefühle:

- Sinn für Teamzusammenhalt, Teamgeist und gemeinsam akzeptierte Ziele
- Akzeptanz untereinander als Teammitglieder
- Erleichterung, dass Aufgaben gemeinsam bewältigt werden

… und diese Verhaltensweisen:

- Ohne Furcht das Ausprobieren von unterschiedlichen Lösungswegen und eine offene Diskussion
- Gemeinsam lachen, um Einklang und Harmonie zu erreichen
- Sich einander anzuvertrauen und persönliche Probleme zu teilen
- Die Dynamik des Teams diskutieren und wertschätzender zueinander sein
- Konstruktiver Umgang mit Kritik
- Versuch der Einhaltung der gemeinsam definierten Teamregeln

Die Führungskraft soll in dieser Phase die Zusammenarbeit fördern, das heißt die Fähigkeit, die Erfahrung und das Wissen der Teammitglieder optimal zu nutzen. Die Teammitglieder respektieren sich gegenseitig, schätzen die Stärken der Kollegen und unterstützen sich gegenseitig.

Nachdem die Teammitglieder ihre Differenzen geklärt haben, stehen ihnen mehr Zeit und Energie für die eigentliche Arbeit zur Verfügung. Ab hier machen sie einen bedeutenden Fortschritt in der Zusammenarbeit und somit auch im jeweiligen Projekt. Es entsteht ein gemeinsames Verantwortungs- und Führungsbewusstsein, da die Erfahrungen und Kenntnisse der jeweiligen Teammitglieder zunehmen.

Top-Tipp!

Mit diesen Maßnahmen optimierst du die virtuelle Arbeit im Team und beginnst gleichzeitig, den Fokus nach außen auf die Schnittstellen des Teams zu richten:

- Erhöhe das Energieniveau im Team, indem du Impulse von außen einbringst, zum Beispiel eine aufmunternde Rede des Chefs oder des Chefchefs.
- Nutze die Meetings, um Feedback zu geben und zu erhalten.
- Nutze die virtuellen Besprechungen, um alle wichtigen Konflikte oder Probleme bei der Teamarbeit aufzudecken.
- Lege die Messlatte für die Standards und Verhaltensweisen der Teammitglieder wieder höher. Nutze das Geben und Empfangen von Feedback als erneute Gelegenheit, um die Messlatte für die Standards und Verhaltensweisen des Teams neu zu setzen.
- Sprich das Problem des Gruppendenkens offen an und beauftrage jemanden damit, das Gruppendenken zu erkennen.
- Lade die wichtigsten Stakeholder ein und frag nach deren Feedback zu folgenden Punkten: Abgleich mit den Erwartungen, Qualität der Arbeit, Einhalten wichtiger Meilensteine, Wertschöpfung und Beratung. Entwickle anschließend mit dem Team einen klaren Aktionsplan.

Zehn für 10 – effektive Wege der Zusammenarbeit   **#28**

Ziel: Das Team entdeckt effektive Wege der Zusammenarbeit und Möglichkeiten der Optimierung. Ebenso ist es Ziel, „Zehn für 10" zu einem festen Bestandteil der Teamkommunikation zu machen. Mit diesem Werkzeug kannst du auch systematisch die Feedbackkultur in deinem Team entwickeln.

Zeitbedarf: 10 Minuten

Anzahl der Personen: bis zu 15 Teilnehmer

Virtuelle Ressourcen: virtueller Meetingraum, Collaboration Tool

Vorbereitung: Teile die folgenden zehn Fragen mit deinem Team. Bitte die Teammitglieder bis zum nächsten Teammeeting, die Fragen zu beantworten und die Ergebnisse während des Meetings zu teilen.

Zehn für 10

1. Was frustriert dich aktuell?
2. Wofür benötigst du zu viel Zeit?
3. Was verursachte in der letzten Zeit Beschwerden?

4. Was wurde missverstanden?
5. Was kostet uns zu viel?
6. Wo verschwenden wir Ressourcen?
7. Was ist zu kompliziert?
8. Was ist einfach nur blöd? Und warum?
9. Bei welchem Thema/welchem Vorgang sind zu viele Kollegen involviert?
10. Welcher Arbeitsvorgang hat zu viele Arbeitsschritte?

Durchführung: Während des virtuellen Meetings stellen die Teammitglieder ihre Ergebnisse vor. Zeige, dass dir die permanente Suche nach Verbesserung wichtig ist. Fordere das Team auf, die Verbesserungspotenziale aufzuzeigen. Fördere lösungsorientiertes Denken, indem du gleichzeitig konkrete Lösungen oder Verbesserungsvorschläge erfragst.

Lass dein Team anschließend entscheiden, wie es zukünftig mit „Zehn für 10" umgehen möchte.

#29 Action Learning: Und wenn ich nicht weiterweiß?

Ziel: Mit dieser Vorgehensweise kann ein crossfunktionales Team stärker zusammenarbeiten und wird komplexere Probleme gemeinsam lösen können. Bei der Anwendung von Action Learning ergeben sich mehrere Vorteile: Es unterstützt den Einzelnen in seiner Entwicklung, erhöht produktive Diskussionen in der Gruppe, führt zu qualitativ höherwertigen Teamergebnissen und gibt den Rahmen zu mehr Ideen und Innovationen.

Es ist nicht nur eine Übungssequenz, sondern es sind periodisch angelegte Einheiten, die demselben Ablauf folgen.

Kurzbeschreibung der Methode: Die hier vorgestellte Methode von Action Learning ist angelehnt an den von Marcia Hyatt und Ginny Belden-Charles beschriebenen Ablauf und ist ausgelegt auf die Stärkung der Zusammenarbeit in crossfunktionalen Teams.

Der Ablauf einer Sequenz ist:

1. **Situationsbeschreibung:**
   1. Welche Herausforderung hat das Team?
   2. Welches Problem hat es genau?
   3. In welchem Kontext?
   4. In welcher Situation?
   5. Was sind die direkten Auswirkungen?
2. **Aufdecken der aktuellen Bedingungen:** Reflexion von verschiedenen Perspektiven (Teamkollegen). Treffen von Annahmen:
   - Was führte zu dieser Situation (Dimension von Zeitraum, Struktur, Prozess, Regeln, Organisation, Kultur u. v. a.)?
   - Würdigung dessen, was bereits gemacht wurde.
3. **Erkunden von weiteren Perspektiven:**
   - Ideen sammeln, was unter den bestehenden Bedingungen zukünftig noch getan werden kann oder unter geänderten Bedingungen getan werden könnte.
   - Aufbauen auf den Ideen der Teamkollegen. Jede Idee zählt!
4. **Neugestalten der Situation:**
   - Versuche, die Situation neu zu beschreiben und gegebenenfalls ein übergeordnetes Ziel zu nutzen.
5. **Aktion:**
   - Definiere aus den gewonnenen Informationen zu den Punkten 2, 3 und 4 die nächsten Handlungsmaßnahmen und einen geeigneten Zeitplan.

Nach einem angemessenen Zeitraum werden diese Schritte wiederholt, zum Beispiel alle vier Wochen.

Zeitbedarf: ein Durchlauf zwischen 30 Minuten und vier Stunden

Anzahl der Personen: bis zu 15 Teilnehmer

Virtuelle Ressourcen: virtueller Meetingraum, Collaboration Tool, virtuelles Whiteboard

Vorbereitung: Die Vorbereitung liegt darin, sich mit dem Modell vertraut zu machen, da dieses zuerst erklärt wird. Ebenso solltest du die jeweiligen Fragen zu den einzelnen Schritten auf virtuellen Whiteboards vorbereiten. Der gesamte Ablauf kann auf einem Whiteboard dargestellt werden (entweder in mehreren Kleingruppen oder einmal in einer Gesamtgruppe). Ein weiterer Punkt ist, dass du dir Gedanken machst, welches Problem aus deiner Sicht vom Team aus angegangen werden sollte. Eine Variation dazu ist, dass du das Team wählen lässt, welches Problem angegangen werden soll.

Beispielboard Action-Learning-Ablauf

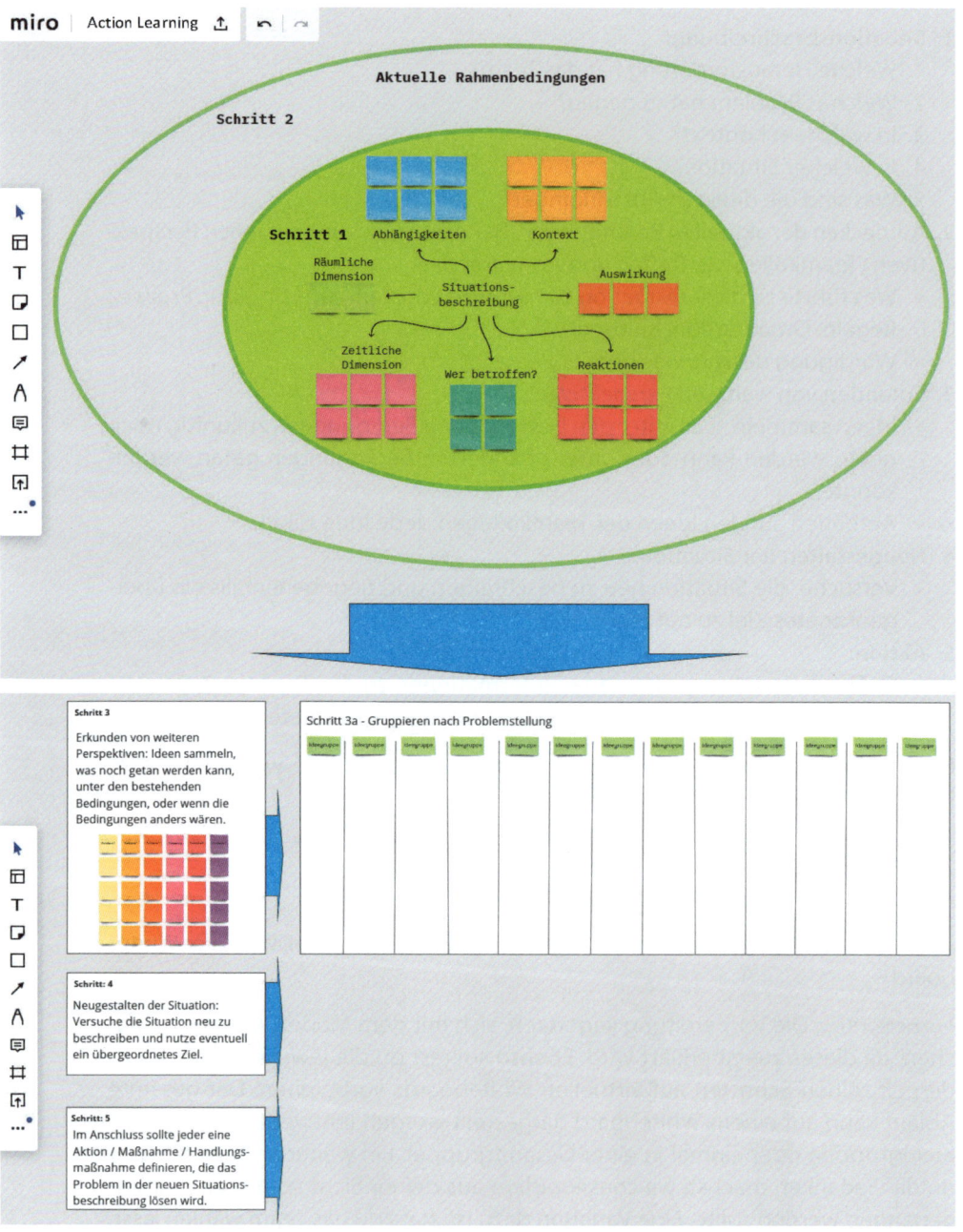

Durchführung: Eine mögliche Anmoderation könnte lauten: *„Heute werden wir gemeinsam zu einem Problem XY mögliche Lösungen finden."* Hier hast du zwei Optionen: Entweder bringst du ein Problem ein oder du erfragst mögliche Herausforderungen des Teams. Frag zunächst nach den Herausforderungen und eruiere anschließend, welches Thema für das Meeting priorisiert werden soll. Nachdem das zu lösende Problem als Überschrift festgehalten wurde, kannst du den Ablauf für Action Learning vorstellen.

Als Nächstes stellst du den ersten Arbeitsschritt vor. Hier ist der Prozess für die Gesamtgruppe beschrieben. Du kannst diesen auch an die Arbeit in einzelnen Kleingruppen anpassen:

1. **Situationsbeschreibung:** Damit du eine fokussierte Schilderung der Situation erhältst, berichten ein bis zwei Personen im Team über das Thema aus ihrer Sicht. Es wird geklärt, was das Problem ist, welche Auswirkungen es hat, wodurch es verursacht wurde und was bereits getan wurde, um es zu lösen. Die Kerninhalte/-aussagen sollten parallel dazu auf dem virtuellen Whiteboard festgehalten werden. Abschließend werden die restlichen Teamkollegen noch um wichtige Ergänzungen gebeten.
Nachdem ein gemeinsames Verständnis über das Problem, dessen Tragweite und Ursachen geschaffen wurde, leitest du zum zweiten Schritt über. Die Zeit hierfür sollte nicht länger als 15 Minuten betragen.

2. **Aufdecken der aktuellen Bedingungen:** Du betrachtest das Thema nun aus den verschiedenen Perspektiven des Teams. Jeder Teamkollege benennt „eine" Annahme, die zu dieser Situation (Dimension von Zeitraum, Struktur, Prozess, Regeln, Organisation, Kultur u. v. a.) geführt hat. Ebenfalls erfragst du, was bereits erfolgreich unternommen wurde, um das Problem zu lösen. Es können Klärungsfragen (beispielsweise: „Wie meinst du das konkret?" oder „Kannst du bitte ein Beispiel schildern?") zugelassen werden. Jedoch sollte keine Diskussion entstehen und die Annahmen sollten stichwortartig auf dem Whiteboard notiert werden, ebenso die Dinge, die gewürdigt wurden. Nach der ersten Perspektivenrunde folgen normalerweise noch zwei bis drei Runden. Die Zeit hierfür sollte nicht länger als 20 Minuten dauern.
Mit einem gemeinsamen Verständnis an Annahmen geht es jetzt weiter zur Ideensammlung.

3. **Erkunden von weiteren Perspektiven:** Du sammelst nun Ideen, was unter den bestehenden Bedingungen noch getan werden kann oder wie die Rahmenbedingungen geändert werden müssten, um weitere Ideen umzusetzen. Jede Idee zählt und es kann auf Ideen der Teamkollegen aufgebaut werden.
Führe zuerst ein „stilles Brainstorming" durch. Jedes Teammitglied kann nun zuerst seine eigenen Gedanken auf Post-its schreiben. Diese werden dann der Reihe nach vorgestellt. Kläre mit dem Team, wie es bei der Vorstellung der Ideen vorgehen möchte, und halte dies in einer Tabelle fest. Die erste Person stellt zum Beispiel fünf Ideen vor. Hierfür ergibt sich für jede Idee eine Spalte. Die zweite Person stellt sieben Ideen vor. Davon passen drei Ideen zu bereits vorhandenen Ideen. Die Tabelle erhält nun vier neue Spalten, da drei Ideen in vorhandenen Spalten hängen. Am Ende gibt es gegebenenfalls 20 Spalten,

jedoch sind sie gleich gruppiert und man sieht bereits Ideen, die schnell umgesetzt werden können.

Kommen neue Lösungsideen unter geänderten Rahmenbedingungen hinzu, werden diese Ideen farblich und räumlich von den anderen getrennt. Dieser Schritt sollte nicht länger als 30 Minuten dauern: fünf Minuten für das „stille Brainstorming" und 25 Minuten für die Vorstellung.

Option: Wenn diese Sequenz in Gruppenarbeit gestaltet wird, müssen die Gruppenergebnisse im Anschluss in der Gesamtgruppe vorgestellt werden. Das bedeutet, dass der Teil der Gruppenarbeit ca. 15 Minuten umfasst und die Vorstellung in der Gesamtgruppe nochmals 20 Minuten.

Nach diesem Schritt hast du viele Ideen. Je mehr Ideen, desto besser.

4. **Neugestalten der Situation:** Versuche die Situation neu zu beschreiben und nutze eventuell ein übergeordnetes Ziel. Betrachte das ursprüngliche Problem mit den neu erworbenen Informationen. Beispielsweise ist das ursprüngliche Problem die Zusammenarbeit des Teams mit einer Nachbarabteilung. Mit den neu gewonnenen Informationen aus Punkt 2. und 3. stellt sich das Problem anders dar. Es fehlt beispielsweise Transparenz im Gesamtprozess/-projekt. Leite dann eine Diskussion ein, wie sich die Situation neu beschreiben lässt. Dieser Teil der Diskussion wird ca. 15 bis 20 Minuten dauern.

5. **Aktion:** Im Anschluss sollte jeder eine Aktion/Maßnahme/Handlungsmaßnahme definieren, die das Problem in der neuen Situationsbeschreibung lösen wird. Durch die Vorstellung der jeweiligen Aktionen in Spalten, wie unter Punkt 3. beschrieben, ergibt sich eventuell wieder eine Gruppierung, die hier eine versteckte Priorisierung ist. Wenn es keine eindeutigen Prioritäten gibt, soll das Team wählen, was es aus seiner Sicht weiterbringt.

Abschließend wird das Ergebnis des Workshops nochmals zusammengefasst und mit Verantwortlichkeiten und entsprechenden Zeiten versehen.

#30 Entschlüssle den Code! Wie wir gemeinsam ein komplexes Problem im Team lösen

Das ist eine großartige Übung, um analytisches Denken, komplexe Problemlösung, Kommunikation und Zusammenarbeit im Team zu reflektieren.

Ziel: Das Team muss als Team zusammenarbeiten, um eine Lösung für ein komplexes Zahlenproblem zu finden. Es geht darum, Strategien der Problemlösung zu erkunden.

Zeitbedarf: 15–30 Minuten

Anzahl der Personen: 4–12 Teilnehmer pro Team (du kannst jederzeit kleinere Sub-Teams gegeneinander spielen lassen)

Virtuelle Ressourcen: virtueller Besprechungsraum, virtuelles Whiteboard

Vorbereitung: Lade dein Team zu einem virtuellen Meeting ein. Erstelle auf einem virtuellen Whiteboard eine 3 x 3-Matrix mit den Zahlen 1 bis 9 mit Summen für jede Zeile, Spalte und Diagonale. Hier ist ein Beispielboard:

 lich willkommen

Aufgabenstellung:

Euer Team muss die Zahlen im Raster neu anordnen, um den richtigen Code zu entschlüsseln - den, bei dem die Ergebnisse in jeder Zeile, jeder Spalte und beiden Diagonalen die Summe 15 ergeben. Das erste Teammitglied kann nur zwei Zahlen vertauschen; das nächste Teammitglied vertauscht dann zwei Zahlen und so weiter. Gewonnen hat das Sub-Team, das am schnellsten die Aufgabe gelöst hat.

Ihr habt zehn Minuten Zeit, um diese Aufgabe zu lösen.

KNACKE DEN CODE UND GEWINNE!

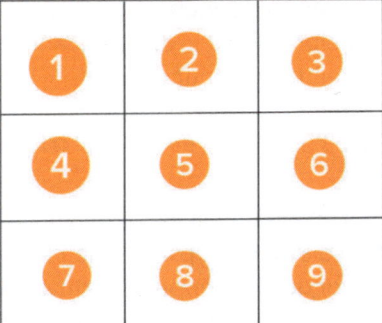

So ist es richtig

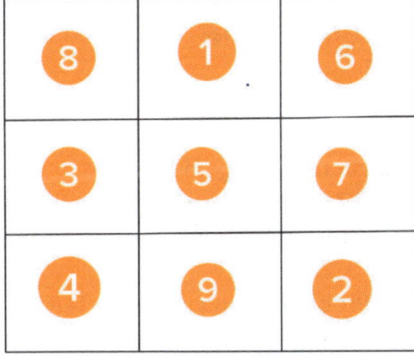

Durchführung: Ein möglicher Einstieg wäre: „Euer Team muss die Zahlen im Raster neu anordnen, um den richtigen Code zu entschlüsseln – bei dem die Ergebnisse in jeder Zeile, jeder Spalte und in beiden Diagonalen die Summe 15 ergeben. Das erste Teammitglied kann nur zwei Zahlen vertauschen; das nächste Teammitglied vertauscht dann zwei Zahlen und so weiter. Ihr habt zehn Minuten Zeit, um diese Aufgabe zu lösen. Gewonnen hat das Sub-Team, das am schnellsten die Aufgabe gelöst hat."

Top-Tipp!

Hier sind Tipps, die du einem festgefahrenen Team geben kannst. Du kannst diese Hinweise nacheinander mündlich geben, bis ein Team das Ergebnis erreicht hat:

- Schreibt die Ziffer 5 in den mittleren Block.
- 9, 1, 5 und 9, 2, 4 sind die einzigen Ziffernfolgen, die für 9 funktionieren, also schreibt 9 an eine Stelle, die nicht in der Ecke liegt.
- Schreibt 1 gegenüber von 9.
- Schreibt 4 und 3 in die Eckquadrate neben der 9.
- Schreibt 6 gegenüber von 4.
- Schreibt 8 gegenüber von 2.
- Füllt 3 und 7 aus, um das Rätsel zu vervollständigen.

Variationen: Du kannst die Übung noch zweimal wiederholen, wobei du bei jeder Iteration die Zeit stoppst. Gib den Teilnehmern zwei bis fünf Minuten Planungszeit, bevor du die Stoppuhr startest. Schreibe die Zeiten für jede Runde auf und berechne den prozentualen Anstieg oder Abfall der Zeit.

Du kannst auch mehrere Personen einbeziehen und die Aufgabe komplexer gestalten, indem du eine 4 x 4-Matrix erstellst, die mit den Zahlen 1 bis 16 die Summe 34 ergibt, oder eine 5 x 5-Matrix, die mit den Zahlen 1 bis 25 die Summe 65 ergibt. Denke jedoch daran, dass das Hinzufügen weiterer Personen die Problemlösung verlangsamt.

Reflexion:

1. Wie habt ihr die Herausforderung gemeistert?
2. Was sagt das über eure Zusammenarbeit im Team aus?
3. Wie würdet ihr diese Situation angehen, wenn ihr sie noch einmal machen würdet?
4. Was habt ihr über die Problemlösung in eurem Team gelernt?
5. Worauf solltet ihr euch in der Problemlösung konzentrieren?

#31 Finde die richtigen Puzzleteile

Für das Wohl des Teams und die Organisation ist es von Vorteil, wenn die Teammitglieder ihren Aufgabenbereich erweitern und erkennen, dass ihre Arbeit Teil eines größeren Ganzen ist.

Ziel: Dem Team zu helfen, einen Geist der Zusammenarbeit zu entwickeln, wenn Teammitglieder Ideen oder Ressourcen zurückhalten oder sich so sehr zurückhalten, dass es für das Team schädlich ist. Ziel ist es, die Zusammenarbeit zu fördern, um ein gemeinsames Ziel zu erreichen und Verhaltensweisen zu analysieren, die den Erfolg des Teams positiv beeinflussen.

Zeitbedarf: 30–35 Minuten

Anzahl der Personen: 6–16 Teilnehmer

Virtuelle Ressourcen: virtueller Besprechungsraum, Break-out-Sessions, virtuelles Whiteboard

Vorbereitung: Erstelle die fünf Puzzles auf einem Whiteboard (siehe virtuelles Whiteboard unten). Teile fünf verschiedene Teambereiche auf dem Board ein: ein Bereich pro Team. Nachdem du die Puzzleteile auf dem Board erstellt hast, mische die Teile aller fünf Puzzles zusammen und lege drei zufällig ausgewählte Teile in jeden Teambereich.

Dieses Quadrat ist das zu erreichende Ziel.

Diese fünf Quadrate sollen gelegt werden.

 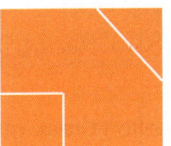   

Team 1

Team 2

Das ist das zu erreichende Ziel: ein Quadrat

Team 3

Team 4

Team 5

Durchführung:

1. Erkläre im Plenum, was erreicht werden soll, und teile die Teamanweisungen mit den Teilnehmern. Lies der Gruppe alle Informationen vor, die im Handout enthalten sind, und gib dann jedem Beobachter und jedem Arbeitsteam eine Kopie des Handouts, auf das sie sich während der Aktivität beziehen können.

Handout

Eure Gruppe wird in fünf Arbeitsteams aufgeteilt. Jedes Team erhält denselben Link zum virtuellen Whiteboard, auf dem es den eigenen Spielbereich findet. Folgt einfach dem Link und ihr gelangt direkt dorthin. Jeder Bereich enthält drei verschiedene Puzzleteile. Sobald euch der Moderator sagt, dass ihr beginnen könnt, beginnt eure Planungsphase von zwei Minuten. In fünf verschiedenen Break-out-Räumen diskutiert ihr, wie ihr das unten beschriebene Ziel erreichen könnt.

Eine Person aus jeder Gruppe übernimmt die Rolle des Beobachters. Diese Person wird nicht an der Übung teilnehmen. Die Aufgabe des Beobachters ist es zu beobachten, was passiert, und sicherzustellen, dass sich alle an die Regeln halten. Wenn jemand gegen eine Regel verstößt, kann der Beobachter eingreifen und die Person ansprechen.

Achtung: Die Teams sind in verschiedenen virtuellen Break-out-Räumen (Video und Audio). Jedoch arbeiten sie alle auf dem gleichen virtuellen Whiteboard.

Das Ziel: Das Ziel ist erreicht, wenn vor jedem Arbeitsteam ein perfektes, gleich großes Quadrat liegt.

Regeln:

- Die verschiedenen Teams dürfen nicht mit anderen Teams sprechen.
- Niemand darf von einer anderen Person ein Stück verlangen.
- Jeder kann jedoch jederzeit eine Figur an eine andere Person aus einem beliebigen Team abgeben.
- Ihr dürft eure Stücke nicht in den mittleren Bereich legen, sodass andere Personen sie nehmen können.
- Ihr dürft nur die mitgelieferten Puzzlestücke verwenden.
- Nach fünf Minuten habt ihr eine zweiminütige Retrospektive im Plenum mit dem gesamten Team.
- Nach der Retrospektive habt ihr noch zehn Minuten Zeit, um die Übung zu beenden.

2. Stelle die zweiminütige Planungszeit zur Verfügung. Du kannst den Timer auf dem Board einstellen.

3. Lass die Gruppen mit dem Spiel beginnen.

4. Nach fünf Minuten stoppst du die Break-out-Sessions und holst die Teilnehmer zurück ins Plenum. Lass die Teilnehmer in den nächsten zwei Minuten eine Retrospektive machen.

5. Lass die Teilnehmer das Spiel beenden. Nach Ablauf der Zeit beendest du die Break-out-Sessions und bringst die Teilnehmer zurück ins Plenum. Verwende einige der zur Verfügung gestellten Diskussionsfragen zur Reflexion. Bitte die Beobachter, ihre Beobachtungen mit der gesamten Gruppe zu teilen.

Reflexion:

1. Was war herausfordernd für euch?
2. Wie würdet ihr den Grad der Zusammenarbeit zwischen den Teams beschreiben?
3. Wie bereitwillig wart ihr, Teile zu verschenken? Warum?
4. Hat sich jeder während des gesamten Prozesses voll eingebracht? Warum oder warum nicht?
5. Wer hat die Aktivität dominiert? Welche Auswirkungen hatte das auf das Team?
6. Hat jemand während des Prozesses Frustration oder Ungeduld bemerkt? Wenn ja, welche Auswirkungen hatte das auf das Team?
7. Gab es Aha-Momente oder wichtige Wendepunkte für die einzelnen Teams?
8. Was könnt ihr aus dieser Aktivität über die Zusammenarbeit im wirklichen Leben lernen?

A bis Z: Wie wir Arbeitsprozesse beschleunigen können   #32

„A bis Z" ist eine sehr einfache Teambuilding-Übung, mit der du schnell die Fähigkeit deines Teams beurteilen kannst, einen Prozess zu erstellen und zu iterieren, um diesen Prozess zu beschleunigen.

Ziel: Analyse und Verbesserung eines Prozesses. Es geht darum, die Buchstaben A bis Z zu chatten, ohne dass jemand denselben Buchstaben zweimal chattet. Wird ein Fehler gemacht, ist ein Neustart erforderlich.

Zeitbedarf: 5–30 Minuten

Anzahl der Personen: 4–12 Teilnehmer

Virtuelle Ressourcen: virtueller Meetingraum, Chat

Durchführung: Lade das Team zu einem virtuellen Meeting ein.

Diese Teambuilding-Übung zeigt dir, wie dein Team virtuell eine Herausforderung bewältigt. Das Team muss so schnell wie möglich von A bis Z chatten, wobei keine Person zweimal hintereinander chatten darf. Wenn ein Buchstabe in der falschen Reihenfolge eingegeben wird, muss das Team wieder bei A beginnen. Bei dieser Übung wird während der Zeitmessung nicht gesprochen. Jede Person muss sich beteiligen, um weiterzukommen, und jedes Teammitglied muss etwa gleich viel Arbeit leisten.

Variationen:

Du kannst diese Übung zweimal wiederholen, wobei du bei jedem Durchgang die Zeit stoppst. Lass deine Teams zwei Minuten planen, bevor du die Zeit stoppst. Halte die erreichte Zeit fest und berechne die prozentuale Erhöhung oder Verringerung der Zeit. In der Regel kann ein Team seine Zeit um 20 bis 80 Prozent reduzieren, indem es einfach seinen Teamprozess überarbeitet.

 Top-Tipp!

Du kannst einen Verweis auf die Lernkurve machen.

#33 Superstars oder wer gewinnt?

Ziel: Diese Übung bringt das Team vom Konflikt zur Zusammenarbeit. Es geht darum, nach einer Win-win-Situation statt einer Win-lose-Situation (Konkurrenzsituation) zu suchen.

Zeitbedarf: 40–60 Minuten

Anzahl der Personen: 6–16 Teilnehmer

Virtuelle Ressourcen: virtueller Besprechungsraum, Break-out-Räume, virtuelles Whiteboard

Vorbereitung: Bereite ein 4 x 4-Raster auf einem virtuellen Whiteboard vor (siehe das Superstar-Gitter als Beispiel).

Teile das Team in zwei Gruppen von drei bis acht Personen auf (die Gruppen müssen nicht genau die gleiche Anzahl von Personen haben). Wenn du mehr als acht Personen für jede Kleingruppe hast, können zusätzliche Gruppenmitglieder als Beobachter fungieren (nicht mehr als drei Beobachter). Stelle zwei verschiedene Bereiche auf dem Whiteboard bereit. Gib jeder Gruppe sechs Sterne (Icons) einer Farbe und zwei zusätzliche „wilde" Sterne. Wilde Sterne zählen für beide Gruppen und haben die gleiche Farbe. Gib zum Beispiel einer Gruppe sechs blaue Sterne und zwei gelbe Joker. Der anderen Gruppe gibst du sechs grüne Sterne und zwei gelbe Joker. Teile mit dem Team die Superstar-Regeln und halte das Beobachterformular für alle Beobachter bereit.

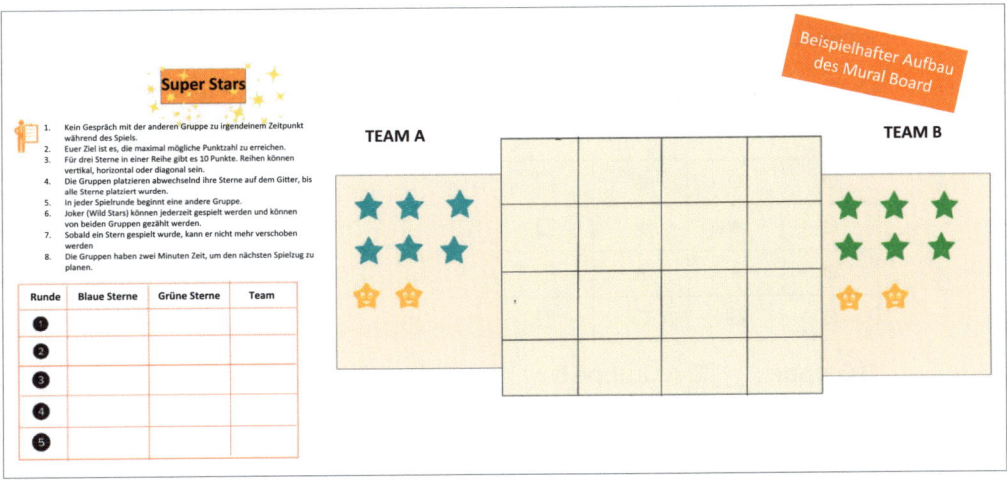

Handout: Superstar-Regeln

1. Kein Gespräch mit der anderen Gruppe zu irgendeinem Zeitpunkt während des Spiels.
2. Euer Ziel ist es, die maximal mögliche Punktzahl zu erreichen.
3. Für drei Sterne in einer Reihe gibt es zehn Punkte. Reihen können vertikal, horizontal oder diagonal sein.
4. Die Gruppen platzieren abwechselnd ihre Sterne auf dem Gitter, bis alle Sterne platziert wurden.
5. In jeder Spielrunde beginnt eine andere Gruppe.
6. Joker (Wild Stars) können jederzeit gespielt und von beiden Gruppen gezählt werden.
7. Sobald ein Stern gespielt wurde, kann er nicht mehr verschoben werden.
8. Die Gruppen haben zwei Minuten Zeit, um zwischen den Runden den nächsten Zug zu planen.

Superstars – Auswertung

Runde	Blaue Sterne	Grüne Sterne	Team
1.			
2			
3.			
4.			
5.			

Ideale Lösung

Dieses Layout ergibt die höchste Punktzahl. Hier würde jede Gruppe 100 Punkte erzielen, sodass das Team insgesamt 200 Punkte erhält.

⊙	⊙	⊙	☐
⊙	★	★	☐
⊙	★	★	☐
⊙	☐	☐	☐

⊙ Gruppe   ☐ A Gruppe B   ★ Wild

Superstars – Beobachterformular

Bitte nimm dir während der Übung einen Moment Zeit, um diese Fragen zu beantworten:

1. Haben die Teams dies als Wettbewerb gesehen?
_____
_____

2. Wodurch haben die Teams Vertrauen gezeigt? Teile Beispiele.
_____
_____

3. Wie leicht ließen sich die beiden Gruppen auf die Idee der Zusammenarbeit ein?
_____
_____

4. Welchen Widerstand hast du festgestellt?
_____
_____

5. Wie hat sich die Energie verändert, als die beiden Gruppen begannen, als ein Team zu arbeiten?
_____
_____

6. Zusätzliche Kommentare:
_____
_____

Durchführung: Dieses Spiel wird in mehreren Runden gespielt (normalerweise drei bis fünf). Am Ende jeder Runde zählt der Spielleiter die Punkte zusammen und notiert sie auf dem Bewertungsbogen, damit alle die Ergebnisse sehen können. Fragt ein Teilnehmer, ob beide Teams zusammenarbeiten können, wiederholst du: *„Euer Ziel ist es, die maximal mögliche Punktzahl zu erreichen."* Wenn du weiter darauf angesprochen wirst, verweise auf die Spielregeln.

Wenn wir diese Übung moderieren, sagen wir nicht, dass wir alle Punkte zusammenzählen, wir tun es einfach. Nach der ersten Runde geben wir die Punkte bekannt. Geplant wird in den verschiedenen Break-out-Räumen. In der ersten Runde ist der Punktestand normalerweise nicht sehr wichtig, weil beide Seiten so sehr darauf konzentriert sind, die andere Seite am Punkten zu hindern. Die Teams verwenden alle ihre Ressourcen, um das andere Team zu blockieren, anstatt gemeinsam zu punkten.

Achte auf die Spielregeln. Sobald die Teams beginnen, zusammenzuarbeiten und Ressourcen zu teilen, gib ihnen eine letzte Runde, um zu sehen, wie hoch die Punktzahl ist, die sie durch Zusammenarbeit erreichen können.

Schließlich sollte klar werden, dass für den Erfolg des Teams beide Gruppen kooperativ sein müssen. Das Blockieren der anderen Gruppe führt nur dazu, Ressourcen zu verschwenden. Selbst wenn die Regeln ausdrücklich besagen: *„Euer Ziel ist es, die maximal mögliche Punktzahl zu erreichen"*, ziehen nur wenige Gruppen eine Win-win-Option in Betracht und konkurrieren stattdessen sofort mit der anderen Gruppe. Die Runden werden schneller und machen mehr Spaß, wenn die Gruppen beginnen, einander zu vertrauen und zusammenzuarbeiten. Achte auch darauf, wie sich die Energie während der Aktivität verschiebt, oder bitte die Beobachter, darauf zu achten.

 Top-Tipp!

Wenn sich die Gruppen bis zur dritten Runde nicht in Richtung Kooperation bewegen, fordere sie auf, nach der dritten Runde einen Joker zu spielen und nach der sechsten Runde einen weiteren.

Die meisten Teams finden es in drei Runden heraus. Wenn Teams im Wettbewerbsmodus feststecken, setze ein Zeitlimit für die Platzierung ihrer Sterne; andernfalls kann dieses Spiel viel zu lange dauern und einige werden das Interesse verlieren und frustriert sein (wenn das passieren sollte, nutze es in der Reflexionsrunde).

Reflexion:

1. Was waren eure ersten Gedanken zu dieser Übung?
2. Welcher Plan nahm Gestalt an?
3. Hat sich euer Plan im Laufe der Zeit geändert?
4. Inwiefern war Vertrauen ein Erfolgsfaktor?

5. Was habt ihr gedacht oder getan, als die andere Gruppe nicht so reagiert hat, wie ihr es euch vorgestellt habt?
6. Wie hat sich die Energie verändert, als ihr begonnen habt zu kooperieren?
7. Welche Parallelen hat diese Übung zu eurer realen Arbeitswelt?
8. Wie können wir unsere reale Zusammenarbeit verbessern?

Die Reflexion findet in den jeweiligen Gruppen statt.

#34 Team Story Timeline

Für Teams, die schon eine Weile zusammenarbeiten und nun zusätzliche Teammitglieder erhalten.

Ziel: Die neuen Teammitglieder sollen die Geschichte des Teams sowie die Stärken und Herausforderungen des Teams besser verstehen. Es geht darum, Lehren aus der Vergangenheit zu ziehen, die das Team in Zukunft noch besser machen werden.

Zeitbedarf: 30–45 Minuten

Anzahl der Personen: bis zu 16 Teilnehmer pro Team

Virtuelle Ressourcen: virtueller Besprechungsraum, Break-out-Sessions, virtuelles Whiteboard

Vorbereitung: Bereite das virtuelle Whiteboard vor.

Beispiel eines Mural Boards

Durchführung: Es geht darum, eine visuelle Geschichte des Teams zu erstellen, die Team Story Timeline genannt wird. Jeder trägt dazu bei, indem er oder sie eigene Zeichnungen, Skizzen und wenige Worte nutzt, um die Höhen, Tiefen,

Erfolge und Herausforderungen zu illustrieren, die das Team dorthin gebracht haben, wo es heute ist.

1. Lass das Team einen Startpunkt für seine Team Story Timeline wählen. Der Startpunkt kann der Zeitpunkt sein, an dem das Team gegründet wurde, an dem die Teammitglieder mit ihrem Projekt begonnen haben, oder sogar der Zeitpunkt der Unternehmensgründung. Sag den Teilnehmern, dass sie ihren Startpunkt auf der linken Seite der Zeitleiste auf kreative Weise angeben sollen, zum Beispiel durch eine Zeichnung oder eine Skizze.
2. Das gegenüberliegende Ende ihrer Zeitleiste repräsentiert die Gegenwart. Lass das Team die Gegenwart auf der anderen Seite der Zeitleiste mit Zeichnungen, Skizzen, Worten oder einfach dem aktuellen Datum angeben.
3. Da sie nun den Start- und Endpunkt haben, liegt es an den Teilnehmern, den Rest ihrer Geschichte zu beschreiben. Bitte sie, über die Elemente nachzudenken, die Teil ihrer kollektiven Geschichte sind: die Menschen, die Herausforderungen, die Ziele, die Erfolge, die Rückschläge und die wichtigen Entscheidungen, die zu ihrer gemeinsamen Teamgeschichte gehören.
4. Ermutige die Teilnehmer, kreativ zu sein! Zeichnungen, Skizzen, Kritzeleien, Karikaturen und Strichmännchen können die Team Story Timeline zum Leben erwecken. Geschriebene Worte sind auch in Ordnung, sollten aber sparsam verwendet werden.
5. Die Team Story Timeline sollte einige oder alle der folgenden Kategorien enthalten:
   - **Personen und Mitarbeiter:** Die Teammitglieder tragen sich selbst auf der Zeitleiste ein –basierend darauf, wann sie dem Team beigetreten sind. Das Team kann auch ehemalige Teammitglieder in die Zeitleiste aufnehmen, besonders dann, wenn sie eine wichtige Rolle für das Team gespielt haben.
   - **Wichtige Entscheidungen,** die sich auf das Team ausgewirkt haben. Eine Gabelung am Ende einer Straße ist eine gute Möglichkeit, Entscheidungspunkte zu symbolisieren, aber das Team hat vielleicht noch bessere Möglichkeiten, seine wichtigen Entscheidungen darzustellen. Idealerweise wird der Zeichnung etwas Text hinzugefügt, um sie zu verdeutlichen.
   - **Hindernisse oder Barrieren,** die das Team gefordert haben. Mit welchen Arten von Hindernissen hatte das Team zu kämpfen? Enge Fristen, harte Mitbewerber, eine schlechte Wirtschaftslage oder interne Probleme können Teams wirklich herausfordern.
   - **Wichtige Meilensteine,** die das Team oder einzelne Teammitglieder erreicht haben. Dies können zum Beispiel erreichte Ziele, eingehaltene Fristen, neu gewonnene Kunden sowie Durchbrüche und Innovationen für das Team sein.
   - **Erinnerungswürdige Momente,** die zur Geschichte des Teams gehören. Viele davon werden mit der Arbeit zu tun haben, wie Urlaubsfeiern, exter-

ne Teambuilding-Veranstaltungen, ehrenamtliche Arbeit, an der das Team beteiligt war, oder andere Momente, die außerhalb des Büros stattfanden.

- **Wichtige Auszeichnungen und Anerkennungen,** die sich das Team oder einzelne Teammitglieder verdient haben, wie zum Beispiel Branchenauszeichnungen, erworbene individuelle berufliche Zertifizierungen oder erworbene Ausbildungsleistungen und Abschlüsse.

6. Achte darauf, diese Aktivität mit einigen der untenstehenden Reflexionsfragen abzuschließen. Das Erstellen einer Team Story Timeline ist eine großartige Möglichkeit für das Team, aus der Vergangenheit zu lernen und die Voraussetzungen für größere Erfolge in der Zukunft zu schaffen.

Top-Tipp!

Erstelle einen Screenshot von der fertigen Team Story Timeline und maile ihn an alle. Mach die Team Story Timeline sichtbar.

Reflexion:

1. Auf welche Momente seid ihr besonders stolz?
2. Was ist der wichtigste Moment auf der Zeitleiste für jeden Einzelnen? (Bitte die Teammitglieder, diese nacheinander zu nennen, wenn sie möchten.)
3. Was ist etwas Bedeutendes, das jede Person in das Team eingebracht hat? (Fordere die Teammitglieder auf, die Namen der einzelnen Personen laut zu nennen und einen Ausdruck des Dankes, der Anerkennung oder der Wertschätzung zu geben.)
4. Mit welchen Hindernissen hattet ihr in der Vergangenheit am meisten zu kämpfen? Was sind Strategien, die helfen können, ähnliche Hindernisse in Zukunft zu überwinden?
5. Welche Fähigkeiten, welches Wissen, welche Expertise oder welches Bewusstsein können dem Team in Zukunft helfen?
6. Wenn ihr einen Zauberstab hättet, mit dem ihr drei Dinge aus der Vergangenheit ändern könntet, welche wären das? Warum?
7. Was sind die wichtigsten Lektionen, die ihr aus der Vergangenheit gelernt habt?

Backstage 16: Wie du die Dynamik virtueller Interaktionen erhöhen kannst

Die Corona-Krise zwingt viele Unternehmen ins Homeoffice. Doch der Arbeitsalltag geht weiter. Neue Mitarbeiter kommen dazu, alte verlassen das Team.

Unter medialer Gruppendynamik verstehen wir die wechselseitigen sozialen Einflüsse und Interaktionen via Medien in einer Gruppe oder einem Team. Damit wir Teams entwickeln können, benötigen wir diese Dynamik. Es ist die Aufgabe einer Führungskraft, eines Trainers oder eines Coaches, diese Dynamik virtuell zu aktivieren. Doch wie?

Hier sind drei Backstage-Tipps, die dir helfen werden, den virtuellen Austausch voranzutreiben:

- **Feedbacksymbole helfen**

  Jeder virtuelle Raum hat mittlerweile Feedbacksymbole. Das sind Icons wie „Daumen hoch", „grüne Häkchen", „Emojis" etc. Führe diese zu Beginn der virtuellen Teamentwicklung ein und vereinbare mit den Teilnehmern, diese zu nutzen, um ihre Emotionen zum Ausdruck zu bringen.
  Achtung – wichtiger Backstage-Tipp: Weise nicht nur auf die Feedbacksymbole hin, sondern lass die Teilnehmer auch gleich ausprobieren, wo diese zu finden sind.

- **Kommentare, Likes und GIFs im Chat**
  Bitte die Teilnehmer, nicht nur ihre Fragen, sondern auch Kommentare, Feedbacks oder Anmerkungen in den Chat zu notieren. Bei MS Teams kannst du dein Feedback auch durch Likes, Smileys oder GIFs kundtun. Bitte deine Teilnehmer darum. Komm gerade zu Beginn der virtuellen Teamentwicklung immer wieder darauf zurück, indem du gezielt in den Chat siehst und die Teilnehmer darauf aufmerksam machst. Vor allem bringst du die Diskussion sehr gut in Gang, wenn du anschließend die Teilnehmer gezielt einbindest: *„Von wem kommt dieser Like?" „Was hat dich dazu motiviert, den Like zu setzen?" „Was hat dich besonders gefreut?"*

- **Virtueller Perspektivwechsel**
  Um eine Dynamik in Gang zu setzen, kannst du auch einen virtuellen Perspektivwechsel durchführen. Wird im Plenum etwas vorgetragen, kannst du vorher einzelne Teammitglieder bitten, die Perspektive des Kunden, anderer Teams oder des Unternehmens einzunehmen.

#35 Interkulturelle Zusammenarbeit gestalten

Wenn man in einem Team zusammenarbeitet, das sich aus Mitarbeitern verschiedener Kulturen zusammensetzt, kommt es immer wieder vor, dass man von seinem eigenen Empfinden ausgehend in bester Absicht handelt und trotzdem genau das Falsche tut. Zu diesem Thema wurde mittlerweile viel geforscht, sowohl in der klassischen Ethnologie (früher Völkerkunde) als auch in neueren Studienzweigen wie „Internationale Beziehungen" oder „Interkulturelles Management". Diese Übung ist in Anlehnung an die Arbeit von Erin Meyer und ihr Buch „Die Culture Map – Ihr Kompass für das internationale Business" entstanden.

Ziel: Es geht darum, die existierenden Unterschiede zwischen verschiedenen Kulturen acht Kategorien zuzuordnen und die Kulturen in jeder dieser Kategorien in Beziehung zueinander zu setzen. Das Team entwickelt innerhalb der verschiedenen Kategorien seine eigene Teamposition und damit eine eigene Teamkultur.

Zeitbedarf: 45–60 Minuten

Anzahl der Personen: beliebig (ggf. virtuelle Kleingruppen bis zu acht Teilnehmer pro Gruppe)

Virtuelle Ressourcen: virtueller Besprechungsraum, virtuelles Whiteboard, gegebenenfalls bei größeren Gruppen virtuelle Break-out-Sessions

Vorbereitung: Kulturen unterscheiden sich in den Lösungen, die sie jeweils für gewisse Problemsituationen wählen. Diese Dimensionen lassen sich gut herausarbeiten und diskutieren.

Erstelle ein virtuelles Whiteboard mit entsprechenden Skalierungen zu den folgenden Kategorien:

	1. Umgang mit Feedback	
Direktes negatives Feedback	....	Indirektes negatives Feedback
	2. Überzeugung	
Warum? Der Hintergrund muss verstanden werden.	....	Wie? Es muss anwendbar sein.
	3. Führung	
Auf gleicher Augenhöhe. Kein Hierarchiedenken.	....	Hierarchisch
	4. Entscheidungsfindung	
Konsensuell	....	Top-down

	5. Vertrauensaufbau	
Vertrauen wird über die Aufgabe entwickelt.	....	Vertrauen entsteht durch die zwischenmenschliche Beziehung.
	6. Anderer Meinung sein	
Konfrontieren	....	Konfrontation meidend

Ausschnitt aus einem Beispielboard

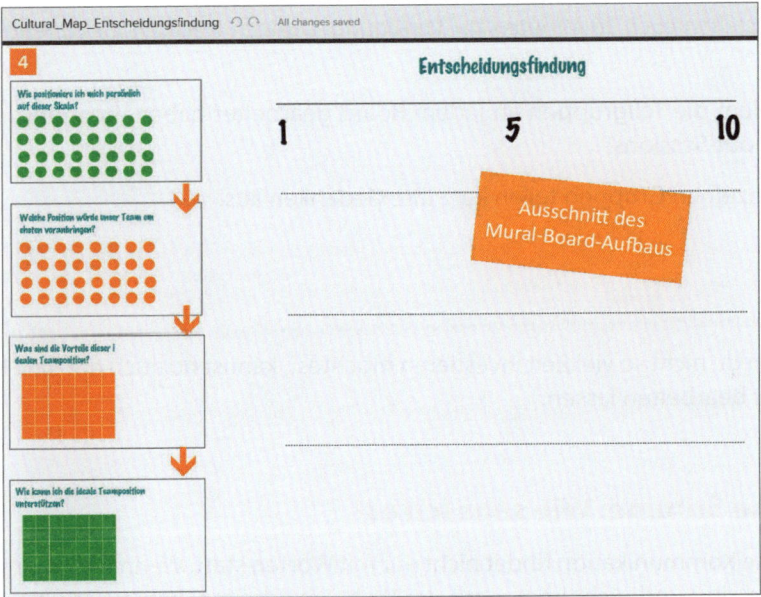

Durchführung: In einem virtuellen Teammeeting führst du in die Aufgabe wie folgt ein: *„Wenn man in einem Team zusammenarbeitet, das sich aus Mitarbeitern verschiedener Kulturen zusammensetzt, kommt es immer wieder vor, dass man von seinem eigenen Empfinden ausgehend in bester Absicht handelt und trotzdem genau das Falsche tut. Aus diesem Grund möchte ich heute mit euch die folgenden Kategorien näher betrachten:*

- *Vertrauensaufbau*
- *Feedback*
- *Anderer Meinung sein*
- *Entscheidungsfindung*
- *Überzeugung*
- *Führung*

Ich werde euch gleich in sechs virtuelle Teilgruppen aufteilen. Jede Gruppe startet an einer anderen Kategorie. Ihr geht bitte wie folgt vor:

1. *Jeder aus dem Team wählt einen grünen Punkt und bringt ihn auf der Skala dort an, wo er sich selbst sieht.*
2. *Jedes Teammitglied überlegt, wo auf der Skala der ideale Punkt für euer Team wäre und warum. Genau dort setzt jeder seinen orangefarbigen Punkt.*
3. *Im Team überlegt ihr, welche Vorteile der ideale Punkt für euer Team hätte, und notiert die Ergebnisse auf den zur Verfügung stehenden Post-its.*
4. *Im Anschluss reflektiert jedes Teammitglied, welchen eigenen Beitrag es leisten kann, um dem idealen Teampunkt näher zu kommen. Auch diese Idee notiert ihr bitte auf den zur Verfügung stehenden Post-its.*

Dafür stehen euch 10 Minuten zur Verfügung. Danach wechselt ihr zum nächsten Board."

Nachdem die Teilgruppen an jedem Board gearbeitet haben, beendest du die Break-out-Sessions.

Die einzelnen Gruppen teilen kurz ihre Gedanken aus.

Top-Tipp!

Wenn du nicht so viel Zeit investieren möchtest, kannst du auch nur eine Kategorie bearbeiten lassen.

#36 Meine Stimme: Wie sage ich es?

Ziel: Die Kommunikation findet nicht nur mit Worten statt. Wenn wir im virtuellen Umfeld sind und nicht immer mit der Webcam arbeiten, kommt es umso mehr auf die Stimme an. Der fehlende körpersprachliche Anteil, erhöht die Bedeutung der stimmlichen Wirkung. In dieser Übung wollen wir ein Gefühl für unsere Stimme und ihre Wirkung bekommen.

Hintergrund: Warum ist die Stimme so wichtig und aussagefähig? In einer Studie wurde 100 Testpersonen eine Aufnahme vorgespielt. Die Zuhörer sollten erraten, ob einer der Ärzte schon einmal wegen eines Kunstfehlers angeklagt worden war. Im zweiten Durchlauf wurden die Wörter ausgeblendet und es war nur der Ton zu hören. Aufgrund der Aufnahme ohne artikulierte Sprache hatten die Zuhörer eine 94-prozentige Trefferquote. Das heißt, wenn Ärzte engagiert und verständnisvoll klangen, wurden sie als „nicht angeklagt" eingeschätzt; bei einem arroganten Klang entschieden die Zuhörer, dass die Ärzte schon einmal angeklagt worden waren.

Zeitbedarf: ca. 60 Minuten

Anzahl der Personen: bis zu 15 Teilnehmer

Virtuelle Ressourcen: virtueller Meetingraum, virtuelles Whiteboard

Vorbereitung: Suche verschiedene Kurzgeschichten heraus, eventuell Märchen. Bereite das virtuelle Whiteboard vor: „In welchen Situationen macht es Sinn, die Stimme bewusster einzusetzen oder einen Fokus auf seine Stimme zu geben?"

Durchführung: Wie immer eine mögliche Anmoderation: *„Heute schauen oder besser gesagt hören wir, wie wir unsere Stimme nutzen und wie sie bei anderen virtuell wirkt. Wir können unsere Stimme in unterschiedlicher Form nutzen, im Volumen (laut – leise), in der Geschwindigkeit (schnell – langsam), in der Stimmlage (hoch – tief) oder Pausen verwenden. Gerade im virtuellen Raum geht der fehlende körpersprachliche Anteil unserer Wirkung in unseren stimmlichen virtuellen Auftritt. Heute werden wir die Stimme bewusst modulieren, die Intonation verändern und mit unserer Stimme virtuell spielen und experimentieren. Hierfür liest jeder eine kurze Passage einer mitgebrachten Geschichte vor."*

Variante 1: Die Teilnehmer sollen die Geschichte vorlesen, wie sie es wollen.

Variante 2: Die Gruppe definiert vorab verschiedene Grundstimmungen, wie die Geschichte vorgelesen werden sollte.

Variante 3: Die Teilnehmer starten damit, die Geschichte vorzulesen. Sobald ein neues Stimmungsbild/eine neue Vorgabe genannt wird, wechselt der Leser zum neuen Stimmungsbild/zur neuen Vorgabe. Vorgaben könnten sein, schneller oder lauter zu lesen, zu „flüstern" oder „Stakkato" zu sprechen. Ein Stimmungsbild könnte sein: traurig, begeistert, wütend, erregt etc.

„Jeder Teilnehmer liest drei Minuten."

Die Varianten können auch als Steigerungsform eingesetzt werden. Die ersten Teilnehmer machen Variante 1, dann sucht man ein paar Grundstimmungen und geht mit Variante 2 und 3 weiter. So bleibt es abwechslungsreicher.

Zum Abschluss erfolgt ein kurzes Brainstorming: In welchen Situationen macht es Sinn, die Stimme bewusster einzusetzen oder einen Fokus auf seine Stimme zu geben?

Eine abschließende Ergänzung könnte sein: Wie wollen wir als Team unsere Stimme weiterentwickeln? Hier könnte ebenfalls ein kurzes Brainstorming gemacht werden, mit dem Ziel, einen kleinen Aktionsplan festzulegen.

2.5 Performing-Phase: Wie können wir besser werden?

In dieser Phase hat sich die Beziehung des Teams vertieft und die Erwartungen untereinander sind klar. Die Teammitglieder müssen ihre Energie nicht in zwischenmenschliche Probleme investieren, sondern können sich komplett auf das Projekt konzentrieren. Das bedeutet, sie haben den Kopf frei, um inhaltliche Probleme zu lösen und umzusetzen. Jetzt pulsieren sie in einem Rhythmus.

Die Performing-Phase beinhaltet folgende Gefühle:

- Gutes Gefühl und es ist okay, die einzelnen Stärken und Schwächen im Team zu kennen und zu wissen, wie sie genutzt werden können
- Zufriedenheit mit dem Team und den Beziehungen im Team
- Bestätigung, dass jeder so sein darf und angenommen wird, wie er ist
- Vertrauen, dass alles gut wird, egal, was das Team anpackt

… und diese Verhaltensweisen:

- Vorbeugen und Bearbeiten von gemeinsamen Problemen
- Konstruktives, einladendes Umfeld schaffen und halten
- Jeden so akzeptieren und nehmen, wie er ist

Das Team arbeitet jetzt effektiv und die Teammitglieder haben ein Stadium erreicht, in dem sie sehr viel bewältigen können.

Als Führungskraft ist es wichtig, in dieser Phase Offenheit für Veränderung aufzubauen. Das bedeutet, die genutzten Methoden und Abläufe in der Zusammenarbeit regelmäßig auf den Prüfstand zu stellen. Die Führungskraft unterstützt das Team im Umgang mit Veränderungen. Sie ist in kritischen Situationen für das Team da und verfolgt nachhaltig den Fortschritt der Arbeit.

Top-Tipp!

Stelle die Qualität der virtuellen Zusammenarbeit regelmäßig auf den Prüfstand. Nutze folgende Fragen, um sie mit deinem Team zu reflektieren und zu diskutieren:

- Wie reagieren wir auf Druck und Veränderungen?
- Sind wir leidenschaftlich und stimuliert durch unsere Arbeit? Setzen wir alle unsere Talente ein?
- Fördern wir ein Umfeld, das neue Ideen und Durchbrüche unterstützt?
- Haben wir die richtigen Arbeitspraktiken und Managementansätze?
- Arbeiten wir auf der Basis von Vertrauen? Halten wir uns an hohe Wertmaßstäbe und leben wir unsere Werte?
- Sind wir auch über unsere Teamgrenzen hinweg effektiv und interagieren mit anderen Teams oder sind wir zu verschlossen?
- Fühlen sich alle Teammitglieder verantwortlich, ermächtigt und glauben sie, dass sie ihr Potenzial erreichen?
- Sind alle Teammitglieder gerne Teil dieses Teams?

Flug 287 nach Boston – stressige Situationen meistern #37

Ziel: Die Teilnehmer lernen, unter Zeitdruck Probleme zu lösen und Entscheidungen zu treffen. Je näher im Arbeitsalltag eine harte Deadline rückt, desto eher entstehen Konflikte im Team. Diese handlungsorientierte Übung zeigt dem Team, wie es damit im Arbeitsalltag umgehen kann.

Zeitbedarf: 30 Minuten

Anzahl der Personen: unlimitiert (maximal 6 Teilnehmer pro Gruppe)

Virtuelle Ressourcen: Online-Besprechungs-Plattform, Break-out-Sessions

Durchführung:

1. Die Teilgruppen erhalten folgenden Hinweis:

Planungsvorgaben

„Ihr habt zehn Minuten Zeit, um eure Strategie zu planen. Ihr könnt Rollen verteilen, um den Planungsprozess zu erleichtern, einen Plan entwickeln, um das beste Vorgehen zu diskutieren und/oder andere Methoden zur Problemlösung zu entwickeln.

Hier sind eure Informationen:

Mateo, Julia, Donovan, Helena und Pierre sind Kollegen und befinden sich auf demselben Flug. Sobald sie landen, werden sie unterschiedliche Anschlussflüge haben, um ihre Kunden weltweit zu besuchen. Sie haben verschiedene Gepäckstücke dabei und verbringen die Zeit während des Fluges unterschiedlich.

Nutzt die zusätzlichen Hinweise, die ihr bekommt. Euer Auftrag ist es, die unterschiedlichen Destinationen der einzelnen Kollegen und die dazugehörigen Gepäckstücke zu ermitteln. Ebenfalls gilt es herauszufinden, was die Einzelnen tun, um sich die Zeit während des Flugs zu vertreiben."

Die Teilnehmer haben zehn Minuten Zeit, um ihre Strategie zu planen. Sie können dabei Rollen einführen, einen Plan entwickeln, die Vorgehensweise diskutieren oder andere Problemlösemethoden anwenden.

2. Du veröffentlichst nach zehn Minuten die Hinweise.

Hier sind einige Hinweise:

- Der Reisende nach Toronto trägt eine silberne Aktentasche.
- Die Person, die die Musik hört, besitzt keinen schwarzen Koffer.
- Die Person, die ein Buch liest, hat keine silberne Aktentasche.
- Helena liest kein Buch.
- Mateo spielt nicht Solitaire.
- Der Besitzer des blauen Rucksacks spielt kein Solitaire.
- Die Person, die auf dem Weg nach Singapur ist, hört keine Musik.
- Es wird Helenas erster Besuch in Stockholm sein.
- Die Person, die nach San Francisco reist, hat einen roten Seesack.
- Die Person, die Musik hört, geht nicht nach Schweden.
- Pierre hat ein Abonnement von „National Geographic".
- Der Kollege mit einem kanadischen Kunden schaut kein Video.

- Der Kollege auf dem Weg zu einem Kunden nach UK hat einen schwarzen Koffer.
- Pierre verlässt nicht die USA.
- Julia hat einen blauen Rucksack.
- Die Person, die nach Toronto fliegt, liest kein Magazin.
- Donovan geht nicht nach San Francisco.
- Die Person, die einen Film schaut, hat einen schwarzen Koffer.
- Der Reisende, der nach London fliegt, heißt nicht Mateo.
- Die Person, die nach Stockholm fliegt, mag die Farbe Blau nicht, aber Grün.
- Helena hat ihre Kopfhörer vergessen, benötigt sie aber auch nicht, um die Zeit auf dem ersten Flug zu verbringen.
- Mateo besitzt keinen roten Seesack.
- Die Person, die ein Magazin liest, hat keine Geldbörse dabei.

3. Nach weiteren zehn Minuten muss das Team die Antworten vorlegen. Maximal sind 20 Punkte zu erreichen. Für jede richtige Antwort gibt es einen Punkt.

Lösung:

- Mateo: Toronto, silberne Aktentasche, hört Musik
- Julia: Singapur, blauer Rucksack, liest ein Buch
- Donovan: London, schwarzer Koffer, schaut einen Film
- Helena: Stockholm, grüne Geldbörse, spielt Solitaire
- Pierre: San Francisco, roter Seesack, liest ein Magazin

Reflexion:

1. Wie seid ihr mit der Herausforderung umgegangen?
2. Was machte eure Planung effektiv?
3. Seid ihr bei eurem Plan geblieben? Falls nicht: Wie hat sich euer Plan geändert?
4. Was habt ihr aufgegeben, als die Deadline näherkam? Welche Zugeständnisse wart ihr bereit zu machen?
5. Welche Ursachen haben Planänderungen im realen Leben?
6. Wie hat die Zeitvorgabe eure Kommunikation verändert?
7. Was habt ihr aus der Übung gelernt?

Versteckte Talente fördern   #38

Ziel: Jedes Team hat Stärken und Entwicklungsfelder und ebenso hat jeder von uns Sahnehäubchen, die er gerne macht, und Dinge, die wir weniger gerne machen. Die Gründe, warum wir Dinge nicht gerne machen, können unterschiedlich sein, zum Beispiel Druck, Angst, mangelndes Interesse oder Gewohnheiten.

Ziel dieser Übung ist, den Teamteilnehmern die Möglichkeit zu geben, neue Verhaltensweisen auszuprobieren. Das Team spricht darüber, welche Rollen oder welches Verhalten leichter fiel und welche schwerer gefallen sind.

Zeitbedarf: 60 Minuten

Anzahl der Personen: alle Teammitglieder, gute Gruppengröße: 9–15 Teammitglieder

Virtuelle Ressource: Online-Besprechungs-Plattform mit Break-out-Sessions

Vorbereitung: Du bereitest ein paar Arbeitssituationen vor mit verschiedenen Variationen.

Zum Beispiel Alltagssituationen: Projekt Jour fixe:

- *Variation 1: Projektmanager als Befehlshaber, ein Projektmitarbeiter als Witzbold, zwei Projektmitarbeiter als beruhigende Yogalehrer*
- *Variation 2: Projektmanager als fürsorglicher Vater, ein Projektmitarbeiter als Nerd, zwei Projektmitarbeiter als Opfer*
- *Variation 3: Projektmanager als Schöngeist, ein Projektmitarbeiter als Workaholic, zwei Projektmitarbeiter als fleißige Bienchen*

Alternativ können die Alltagsszene und die Varianten vom Team vorgeschlagen werden.

- *Zum Beispiel:*
  - *Was fehlt uns im Team? Beispielsweise gutes Vertreten nach außen, strukturierte Abstimmung, Einhaltung von Terminen*
  - *Was würde uns helfen: gutes Verkaufen, Verbindlichkeit*
- *Mögliche Alltagssituation:*
  - *Präsentation des Projekts in einem anderen Bereich*
  - *Teambesprechung*
  - *Besprechungen mit den Auftraggebern*
- *Mögliche Rolle und Verhalten:*
  - *Projektmanager mit dem Verhalten eines Autoverkäufers*
  - *Projektmitarbeiter als überengagiert/unterfordert*

Für die Auswertung bereitest du eine Folie vor:

- *Was ist dir in der Rolle leichtgefallen?*
- *Was ist dir in der Rolle schwergefallen?*
- *Welche Rolle oder welches Verhalten wäre in unserem Team förderlich für den Erfolg?*
- *Was müssten wir tun, um es zu verbessern?*

Durchführung: Die Anmoderation ist: „Jedes Team hat Stärken und Schwachpunkte und ebenso hat jeder von uns sein Steckenpferd, das er oder sie gerne macht, und Dinge, die weniger gerne gemacht werden. Die Gründe, warum wir sie nicht gerne machen, können unterschiedlich sein, zum Beispiel Zeitdruck, Angst vor Fehlern, alte Gewohnheiten, Missverständnisse.

Damit wir uns persönlich und als Team weiterentwickeln, werden wir heute Verhaltensweisen, die bewusst stillgelegt sind oder in uns schlummern, reaktivieren und schauen, was uns persönlich und als Team weiterbringt.

Dafür spielen wir eine alltägliche Situation mit bekannten Rollen in unterschiedlichen Variationen durch und schauen, was uns für die Zukunft hilft, besser zu werden.

1. Schritt (10 Minuten): Brainstorming: In welchen Situationen müssen wir uns verbessern?
2. Schritt (5 Minuten): Kurze Abstimmung via Chat/Handzeichen, welche Situation am wichtigsten wäre
3. Schritt (5 Minuten): Welche Rollen sind daran beteiligt?
4. Schritt (5 Minuten): Welche Verhaltensweisen sollen in der Alltagssituation gespielt werden, zum Beispiel befehlender Feldwebel, Witzbold, dankbarer Mitarbeiter?
5. Schritt (10 Minuten): Rollenspiel – Freiwillige im Team schlüpfen in die Rollen und spielen den jeweiligen Charakter anhand der vorgegebenen Alltagssituation. Dieser Schritt wird zweimal wiederholt mit den unterschiedlichen Varianten. Parallel schreiben die Zuschauer auf, was ihnen auffällt: Was ist gut für das Team? Was gefällt mir gut? Wie füllte der Einzelne die Rolle aus?
6. Schritt (10 Minuten): Reflexion in Kleingruppen anhand der vorbereiteten Fragen
7. Schritt (15 Minuten): Teilen der Erkenntnisse im Plenum und mögliche Handlungsschritte für das Team ableiten

Achtung: Für diese Übung braucht es im Team untereinander ein gutes Vertrauen. Im Besonderen, wenn man in Rollen schlüpft und sich eventuell lächerlich macht.

Problemlösung – 15 Fragen #39

Diese Technik ermöglicht es Teams, Annahmen über das, was möglich ist, zu hinterfragen. Zusätzlich kann „15 Fragen" Teams helfen, Ideen vollständiger zu entwickeln, sodass bei der Bewertung der Optionen jeder ein gut entwickeltes Verständnis für jede Wahl hat. Dieser Problemlösungsprozess ist eine lineare Vorgehensweise.

Ziel: Das Ziel ist, dem Team eine Problemlösungsmethode zu geben, die einfach und effizient strukturiert ist.

Zeitbedarf: 120 Minuten

Anzahl der Personen: maximal 16 Teilnehmer

Virtuelle Ressourcen: Online-Besprechungs-Plattform mit Break-out-Sessions, virtuelles Whiteboard

Vorbereitung: Mach dir zunächst Gedanken, welches Problem das Team damit bearbeiten soll. Wenn du es dem Team überlassen willst, entfällt dieser Schritt.

Erstelle eine Tabelle auf einem virtuellen Whiteboard (Mural, Miro, OneNote o. a.). Du findest die entsprechenden Überschriften in der Abbildung unten.

Aus diesen Überschriften ergeben sich 15 Fragen, die das Team der Reihe nach bearbeiten soll:

Fragen am Beispiel in OneNote

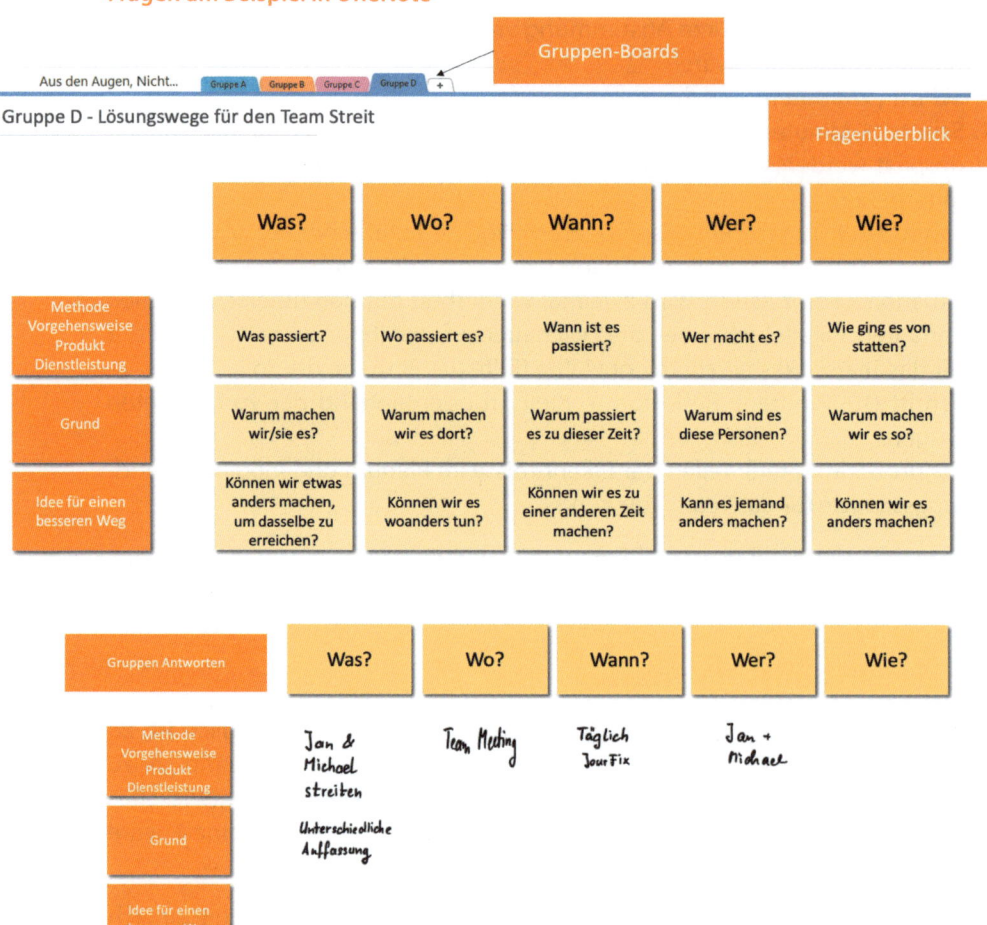

Wenn du mehr als acht Teilnehmer hast, erstelle für jede Teilgruppe (vier bis acht Teilnehmer) ein identisches virtuelles Whiteboard oder richte Areas für die einzelnen Gruppen auf diesem Whiteboard ein.

Durchführung: Das Problem kann produktbezogen, dienstleistungsbezogen oder prozessbezogen sein. Im ersten Schritt erläuterst du das Problem.

Nachdem das Thema festgelegt ist, erklärst du die Vorgehensweise.

Jede Gruppe diskutiert Feld für Feld und hält Erkenntnisse oder Ideen fest. Gestartet wird mit der ersten Spalte. Sobald alle die Situation und ihr Umfeld verstanden haben, diskutiert das Team die zweite Spalte. Ziel ist es, ein tieferes Verständnis für die Kernursachen und auslösenden Faktoren zu entwickeln. Erst wenn Kernursachen analysiert und verstanden wurden, entwickelt das Team in der dritten Spalte konkrete Lösungsideen.

Bei der Arbeit mit mehreren virtuellen Teilgruppen teilen die Teams ihre Ergebnisse im Plenum.

In einem nächsten Schritt werden die Lösungsideen priorisiert:

- Was kann schnell umgesetzt werden?
- Was ist kostengünstig in der Umsetzung?
- Was ist die Lösung, die den größten Effekt hat?
- etc.

Backstage 17: Worauf du bei hybriden Veranstaltungen achten solltest

Vor Jahren konzipierte und moderierte ich eine Veranstaltung von ca. 60 jungen Führungskräften, die in der Region Asien verteilt waren. Die ursprünglich geplante Präsenzveranstaltung wurde aus Kostengründen abgesagt und das Format sollte innerhalb von zwei Tagen auf ein virtuelles Format umgestellt werden.

Einen ganzen Tag planten und testeten eine Kollegin und ich den Ablauf, die Gruppeneinteilung und setzten in jeder Break-out-Gruppe die individuellen Boards für die Gruppe auf. Das Tool war damals Adobe Connect.

Die Veranstaltung startete gut, die Gruppeneinteilung funktionierte und die Break-out-Sessions starteten wie gewünscht. Nach den ersten Minuten in der Break-out-Session stellten wir als Moderatoren fest, dass auf den vorbereiteten Boards nichts erarbeitet beziehungsweise geschrieben wurde. Nachdem wir eine der Break-out-Sessions als Moderator besuchten, wurde uns mitgeteilt, dass sich einige junge Führungskräfte in einem gemeinsamen Konferenzraum an ihrem Standort befanden und die virtuelle Gruppeneinteilung nicht der Gruppeneinteilung im Konferenzraum entsprach. Für eine Gruppe konnten wir es spontan ändern. Bei den verbleibenden sechs Gruppen improvisierten wir, da der Aufwand der Abstimmung während des Workshops zu lange gedauert hätte.

Top-Tipp!

Kläre unbedingt VOR der virtuellen Veranstaltung, welche Teilnehmer zusammen in einem physischen Meetingraum sitzen. Nur so kannst du die virtuellen Gruppenräume richtig anlegen und Stress vermeiden!

#40 Sechs Denkhüte – kreative virtuelle Lösungsfindung

Diese Technik ist von Dr. Edward de Bono und ermöglicht einem Team, kreativ und zugleich fokussiert Probleme zu lösen. Die sechs Denkstile oder „Denkhüte" fokussiert die Teilnehmer und lässt sie aus unterschiedlichen Perspektiven auf ein Thema blicken. Das erhöht die mentale Flexibilität und verhindert angepasstes Denken.

Ziel: Problemlösungsmethode, die einfach, kreativ und raumöffnend ist.

Zeitbedarf: Jeder Hut benötigt zwischen 30 und 60 Minuten; mehrere Durchgänge

Anzahl der Personen: maximal 16 Teilnehmer

Methode: Die sechs Denkhüte

- **Der weiße Hut:** Das Denken für diese Teammitglieder besteht NUR aus Zahlen, Daten und Fakten, die verfügbar sind. Vorschläge, Argumente und persönliche Meinungen werden zurückgestellt. Es werden nur Informationen überprüft, die verfügbar sind und benötigt werden.
- **Der rote Hut:** Hier sollen die Teammitglieder ihre Gefühle und Intuition nutzen, ohne diese erklären oder rechtfertigen zu müssen. Dieser Hut hilft Teams, Konflikte ans Tageslicht zu bringen, und ermöglicht es den Mitgliedern, Gefühle offen zu äußern, ohne Angst vor Vergeltung zu haben.
- **Der schwarze Hut:** Er steht für Vorsicht und kritische Bewertung. Diesen Hut aufzuhaben, hilft Teammitgliedern, Lösungen kritisch zu hinterfragen. Dieser Hut kann erst genutzt werden, wenn das Team viele kreative Vorschläge und Ideen generiert hat.
- **Der blaue Hut:** Er wird verwendet für die Prozesskontrolle und unterstützt das Team, die Angemessenheit zu überprüfen. Dieser Hut erlaubt den Mitgliedern, nach einer Zusammenfassung zu fragen, und ermöglicht es, den Fortschritt im Prozess zu prüfen.
- **Der grüne Hut:** Mit diesem Hut erhält man Raum und Zeit, um kreativ zu denken. Divergentes Denken ermöglicht es, alternative Ideen und Optionen zu entwickeln.

- **Der gelbe Hut:** Er steht für Optimismus und positives Denken. Wird dieser Hut verwendet, sucht das Team nach Vorteilen für die gemachten Vorschläge und Ideen. Jeder grüne Hut verdient einen gelben Hut!

Eine Spielregel ist, dass jeder jeden Hut für eine bestimmte Zeit aufsetzt. Mehr dazu später.

Diese Methode kann unterschiedlich genutzt werden:

a) entweder in Besprechungen oder zwischen Besprechungen oder
b) bewusst in einem virtuellen Workshop.

Virtuelle Ressourcen: Online-Besprechungs-Plattform mit Break-out-Räumen, virtuelle Whiteboards. Jedes Teammitglied benötigt sechs Post-its mit den Farben Rot, Weiß, Schwarz, Blau, Grün und Gelb.

Vorbereitung: Mach dich mit den beschriebenen Hüten vertraut und überlege dir, wie du die gesamte Methode im Team verwenden kannst.

a) **Einsatz in oder zwischen Online-Besprechungen:**
   – Hier ein paar Vorschläge:
     - Jedes Mitglied setzt sich nach Belieben einen Hut auf oder nimmt ihn wieder ab und signalisiert das mit dem farblichen Post-it auf der Schulter.
     - Der Moderator oder die Führungskraft verteilt die Hüte und ändert regelmäßig die Zuordnung.
     - Alle haben zeitgleich denselben Hut auf.
     - Alle haben zeitgleich einen unterschiedlichen Hut für eine bestimmte Zeit auf.
     - Jeder trägt einen Hut, den er nicht gerne trägt oder normalerweise nicht trägt.
   – Stelle sicher, dass jeder die unterschiedlichen Post-it-Farben hat. Es können auch Moderationskarten mit Tesafilm sein.
b) **Für einen oder mehrere Workshops:**
   Die Methode kann entweder einen halben Arbeitstag füllen oder über mehrere Sessions gemacht werden. Wenn sie über mehrere Sessions gemacht wird, ist es notwendig, am Anfang Zeit einzuräumen, damit sich das Team wieder auf den aktuellen Stand der Informationen bringen kann.
   Nachdem du mit dem Team das zu besprechende Thema festgelegt hast, bereitest du ein virtuelles Whiteboard mit sechs unterschiedlichen Hüten vor (siehe die folgende Abbildung).

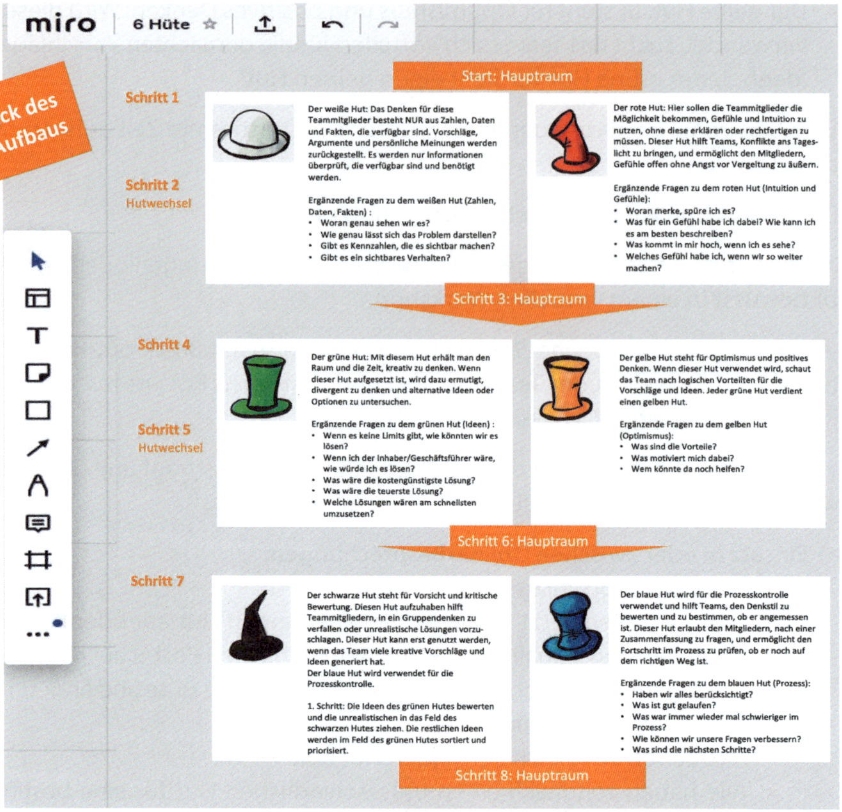

miro | 6 Hüte ☆ | ⬆ | ↶ | ↷

Gesamtüberblick des
Mural Broad-Aufbaus

Start: Hauptraum

Schritt 1

Der weiße Hut: Das Denken für diese Teammitglieder besteht NUR aus Zahlen, Daten und Fakten, die verfügbar sind. Vorschläge, Argumente und persönliche Meinungen werden zurückgestellt. Es werden nur Informationen überprüft, die verfügbar sind und benötigt werden.

Der rote Hut: Hier sollen die Teammitglieder die Möglichkeit bekommen, Gefühle und Intuition zu nutzen, ohne diese erklären oder rechtfertigen zu müssen. Dieser Hut hilft Teams, Konflikte ans Tageslicht zu bringen, und ermöglicht den Mitgliedern, Gefühle offen ohne Angst vor Vergeltung zu äußern.

Schritt 2
Hutwechsel

Ergänzende Fragen zu dem weißen Hut (Zahlen, Daten, Fakten) :
• Woran genau sehen wir es?
• Wie genau lässt sich das Problem darstellen?
• Gibt es Kennzahlen, die es sichtbar machen?
• Gibt es ein sichtbares Verhalten?

Ergänzende Fragen zu dem roten Hut (Intuition und Gefühle):
• Woran merke, spüre ich es?
• Was für ein Gefühl habe ich dabei? Wie kann ich es am besten beschreiben?
• Was kommt mir hoch, wenn ich es sehe?
• Welches Gefühl habe ich, wenn wir so weiter machen?

Schritt 3: Hauptraum

Schritt 4

Der grüne Hut: Mit diesem Hut erhält man den Raum und die Zeit, kreativ zu denken. Wenn dieser Hut aufgesetzt ist, wird dazu ermutigt, divergent zu denken und alternative Ideen oder Optionen zu untersuchen.

Der gelbe Hut steht für Optimismus und positives Denken. Wenn dieser Hut verwendet wird, schaut das Team nach logischen Vorteilen für die Vorschläge und Ideen. Jeder grüne Hut verdient einen gelben Hut.

Schritt 5
Hutwechsel

Ergänzende Fragen zu dem grünen Hut (Ideen) :
• Wenn es keine Limits gibt, wie könnten wir es lösen?
• Wenn ich der Inhaber/Geschäftsführer wäre, wie würde ich es lösen?
• Was wäre die kostengünstigste Lösung?
• Was wäre die teuerste Lösung?
• Welche Lösungen wären am schnellsten umzusetzen?

Ergänzende Fragen zu dem gelben Hut (Optimismus):
• Was sind die Vorteile?
• Was motiviert mich dabei?
• Wem könnte da noch helfen?

Schritt 6: Hauptraum

Schritt 7

Der schwarze Hut steht für Vorsicht und kritische Bewertung. Diesen Hut aufzuhaben hilft Teammitgliedern, in ein Gruppendenken zu verfallen oder unrealistische Lösungen vorzuschlagen. Dieser Hut kann erst genutzt werden, wenn das Team viele kreative Vorschläge und Ideen generiert hat.
Der blaue Hut wird verwendet für die Prozesskontrolle.

1. Schritt: Die Ideen des grünen Hutes bewerten und die unrealistischen in das Feld des schwarzen Hutes ziehen. Die restlichen Ideen werden im Feld des grünen Hutes sortiert und priorisiert.

Der blaue Hut wird für die Prozesskontrolle verwendet und hilft Teams, den Denkstil zu bewerten und zu bestimmen, ob er angemessen ist. Dieser Hut erlaubt den Mitgliedern, nach einer Zusammenfassung zu fragen, und ermöglicht den Fortschritt im Prozess zu prüfen, ob er noch auf dem richtigen Weg ist.

Ergänzende Fragen zu dem blauen Hut (Prozess):
• Haben wir alles berücksichtigt?
• Was ist gut gelaufen?
• Was war immer wieder mal schwieriger im Prozess?
• Wie können wir unsere Fragen verbessern?
• Was sind die nächsten Schritte?

Schritt 8: Hauptraum

Durchführung:

a) In oder zwischen Online-Besprechungen:
Eine mögliche Anmoderation: *„Lasst uns mal eine neue Methode in unseren Besprechungen nutzen, die uns helfen kann, bewusst unterschiedliche Perspektiven einzunehmen: die sechs Denkhüte von de Bono."* Jetzt kannst du die unterschiedlichen Hüte vorstellen inklusive der möglichen Nutzungsmöglichkeiten in einer Besprechung. *„Damit wir immer wissen, wer gerade welchen Hut aufhat, klebt ihr das entsprechende farbliche Post-it (oder eine Moderatorenkarte) sichtbar an eure Schulter."*

 **Achtung:** Der rote Hut hat es in sich, da er ohne Erklärung oder Rechtfertigung erlaubt, Gefühle zu zeigen und zu artikulieren. Daher würde ich die Methode erst in einem Workshop ausprobieren, bevor sie regelmäßig in Besprechungen verwendet wird.

b) Einsatz im virtuellen Teamworkshop

Auch hier kannst du dieselbe Anmoderation nutzen.

1. **Schritt:** Bilde zwei Gruppen: Eine trägt den weißen Hut, die andere den roten. Beide Gruppen arbeiten auf demselben virtuellen Whiteboard, aber auf dem Abschnitt ihrer Hutfarbe. Die Gruppen befinden sich jedoch in unterschiedlichen virtuellen Gruppenräumen.

   Ergänzende Fragen zu dem weißen Hut (Zahlen, Daten, Fakten):
   - Woran genau sehen wir es?
   - Wie genau lässt sich das Problem darstellen?
   - Gibt es Kennzahlen, die es sichtbar machen?
   - Gibt es ein sichtbares Verhalten?

   Ergänzende Fragen zu dem roten Hut (Intuition und Gefühle):
   - Woran merke, spüre ich es?
   - Was für ein Gefühl habe ich dabei? Wie kann ich es am besten beschreiben?
   - Was kommt in mir hoch, wenn ich es sehe?
   - Welches Gefühl habe ich, wenn wir so weitermachen?

2. **Schritt:** Nach zehn bis fünfzehn Minuten wechseln die Gruppen die Hutfarbe. Sie lesen sich die Inhalte der anderen Gruppe durch und ergänzen diese. Dieser Schritt dauert zwischen fünf und zehn Minuten.

3. **Schritt:** Im Anschluss kommen beide Gruppen in den Hauptraum und schauen sich nochmals die Ergänzungen der anderen Gruppe an und versuchen, drei erste Erkenntnisse festzuhalten (siehe die folgende Abbildung).

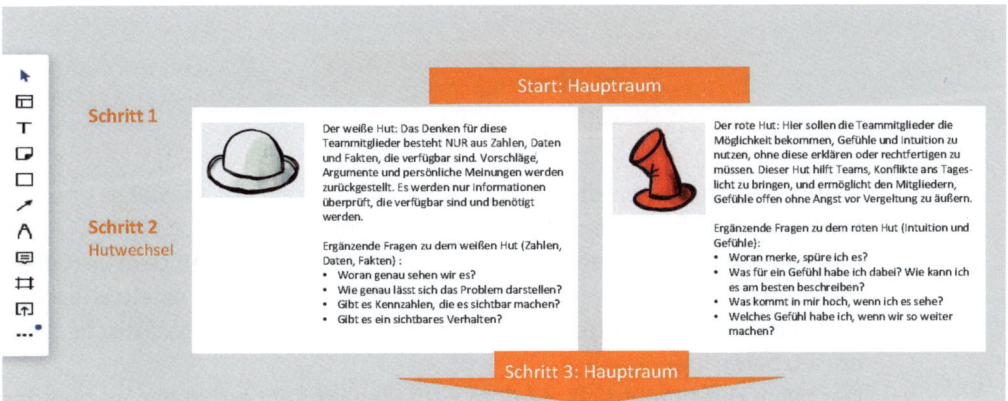

4. **Schritt:** Die Gruppen werden neu gemischt. Jede Teilgruppe hat nun entweder den grünen oder den gelben Hut auf. Wie im 1. Schritt arbeiten beide Gruppen parallel auf dem virtuellen Whiteboard in der jeweiligen Hutsektion.

   Ergänzende Fragen zu dem grünen Hut (Ideen):
   - Wenn es keine Limits gibt, wie könnten wir es lösen?

- Wenn ich der Inhaber/Geschäftsführer wäre, wie würde ich es lösen?
- Was wäre die kostengünstigste Lösung?
- Was wäre die teuerste Lösung?
- Welche Lösungen wären am schnellsten umzusetzen?

Ergänzende Fragen zu dem gelben Hut (Optimismus):

- Was sind die Vorteile?
- Was motiviert mich dabei?
- Wem könnte das noch helfen?

5. **Schritt:** Nach zehn bis fünfzehn Minuten wechseln die Gruppen die Hutfarbe von grün zu gelb und umgekehrt. Sie lesen sich die Inhalte der anderen Gruppe durch und ergänzen diese. Für diesen Schritt sind zwischen fünf und zehn Minuten eingeplant.

6. **Schritt:** Im Anschluss kommen beide Gruppen in den Hauptraum und schauen sich nochmals die Ergänzungen der anderen Gruppe an. Sie halten drei erste Erkenntnisse fest.

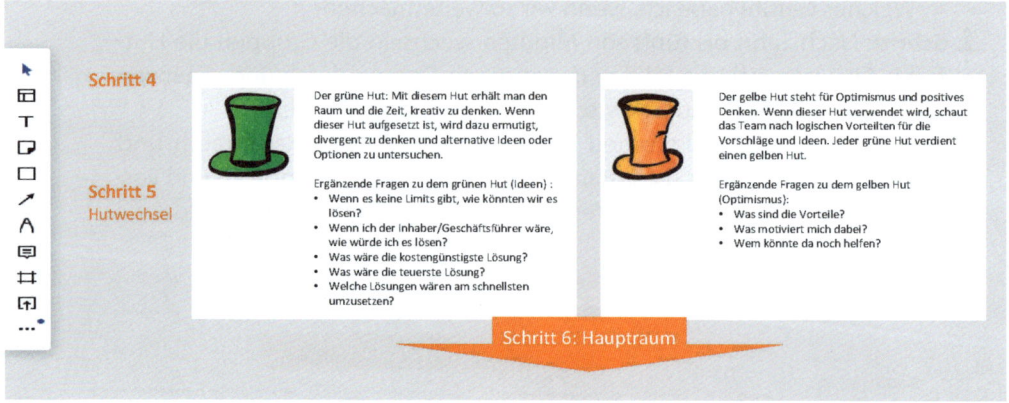

7. **Schritt:** Jetzt kommen die letzten beiden Hüte dran, der schwarze und der blaue Hut. Durchmische die Gruppen noch einmal.

Die Träger des schwarzen Hutes haben jetzt den Auftrag, auf dem virtuellen Board in die Sektion des grünen Hutes zu gehen und dort mit einem kritischen Blick die Ideen zu bewerten. Sie sortieren nach brauchbaren, realistischen und umsetzbaren Ideen.

Der blaue Hut begibt sich auf dem virtuellen Whiteboard in die Sektion des blauen Hutes und beantwortet folgende Fragen (Prozess):

- Haben wir alles berücksichtigt?
- Was ist gut gelaufen?
- Was war immer wieder mal schwierig im Prozess?
- Wie können wir unsere Fragen verbessern?
- Was sind die nächsten Schritte?

8. **Schritt:** Zum Abschluss kommen alle in den Hauptraum, schauen sich nochmals die Ergänzungen der anderen Gruppe an und versuchen, gemeinsam die
   nächsten Schritte abschließend festzulegen.

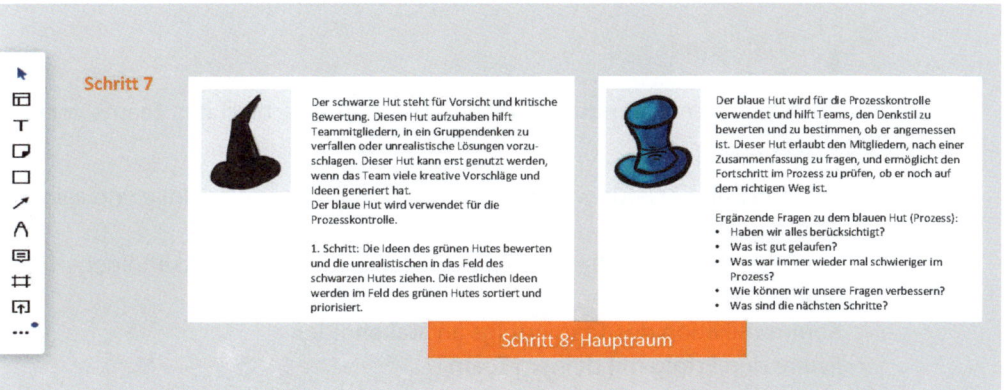

Schritt 7

Der schwarze Hut steht für Vorsicht und kritische Bewertung. Diesen Hut aufzuhaben hilft Teammitgliedern, in ein Gruppendenken zu verfallen oder unrealistische Lösungen vorzuschlagen. Dieser Hut kann erst genutzt werden, wenn das Team viele kreative Vorschläge und Ideen generiert hat.
Der blaue Hut wird verwendet für die Prozesskontrolle.

1. Schritt: Die Ideen des grünen Hutes bewerten und die unrealistischen in das Feld des schwarzen Hutes ziehen. Die restlichen Ideen werden im Feld des grünen Hutes sortiert und priorisiert.

Der blaue Hut wird für die Prozesskontrolle verwendet und hilft Teams, den Denkstil zu bewerten und zu bestimmen, ob er angemessen ist. Dieser Hut erlaubt den Mitgliedern, nach einer Zusammenfassung zu fragen, und ermöglicht den Fortschritt im Prozess zu prüfen, ob er noch auf dem richtigen Weg ist.

Ergänzende Fragen zu dem blauen Hut (Prozess):
• Haben wir alles berücksichtigt?
• Was ist gut gelaufen?
• Was war immer wieder mal schwieriger im Prozess?
• Wie können wir unsere Fragen verbessern?
• Was sind die nächsten Schritte?

Schritt 8: Hauptraum

2.6 Adjourning-Phase – Abschied

In dieser Phase geht das Team auseinander: Entweder wird es aufgelöst oder einzelne Teammitglieder verlassen das Team. Diese Phase hat etwas von Trauer und
Abschied. Es geht darum, loszulassen und gemeinsam Erreichtes zu würdigen.

Die Adjourning-Phase beinhaltet folgende Gefühle:

- gutes Gefühl, etwas gemeinsam erreicht zu haben
- Trauer, dass es nicht mehr so weitergeht
- Freude auf eine neue Aufgabe
- Freude über neue Freunde und darüber, Weggefährten fürs Leben bekommen
  zu haben
- Freude, dass das anstrengende Projekt vorbei ist,

… und diese Verhaltensweisen:

- ruhig, bedrückt, in sich gekehrt
- sucht physische Nähe zu Teamkollegen
- Lessons Learned durchführen und weiterziehen

Die Führungskraft teilt und zeigt ihre Wertschätzung für das Erreichte und ge-
währt den Teammitgliedern Zeit, sich voneinander zu verabschieden, Feedback
zu geben und die Lessons Learned durchzuführen.

Die Übungen hierzu unterstützen im Abschiedsprozess und stellen sicher, dass jedes Teammitglied und die geleistete Arbeit gesehen und wertgeschätzt werden.

 Top-Tipp!

Diese Aktivitäten unterstützen dich dabei, den Abschied des Teams vorzubereiten:

- Sammle Belege dafür, was das Team im Hinblick auf seine Rolle und seinen Zweck geleistet hat.
- Erbringe Nachweise, dass das Team die Erwartungen der Stakeholder erfüllt oder übertroffen hat.
- Kommunikation des Teamerfolgs an Stakeholder
- Feiere den Erfolg mit deinem Team.

#41 ROTI – Return on Time Invested

Ziel: Rückblick am Ende der Zusammenarbeit im (Projekt-)Team. Am Ende des Projekts reflektieren die Teilnehmer ihre für das Projekt eingesetzte Lebenszeit.

Zeitbedarf: 30 Minuten bis zwei Stunden

Anzahl der Personen: alle Teammitglieder

Virtuelle Ressource: Online-Besprechungs-Plattform

Vorbereitung: Du bereitest einen Arbeitsauftrag in PowerPoint vor.

„Hat sich für dieses Projekt meine investierte Lebenszeit gelohnt – in Relation zu dem

a) persönlich erzielten Nutzen?

b) für das Team/Unternehmen erzielten Nutzen?"

Für die Auswertung bereitest du die „Fünf-Finger-Antwort" vor:

- *1 = wertlos (Ich habe Lebenszeit verloren.)*
- *2 = wenig Nutzen (zu viel Lebenszeit für zu wenig Benefit)*
- *3 = Nutzen und investierte Lebenszeit sind ausgewogen.*
- *4 = Die Vorteile überwiegen etwas zur investierten Lebenszeit.*
- *5 = großer Nutzen (eine wirklich wertvolle Zusammenarbeit)*

Durchführung: Aus den Überlegungen des ROI (Return on Investment) hat sich frei nach dem Motto „Zeit ist Geld" ROTI (Return on Time Invested) entwickelt.

Während des virtuellen Meetings stellst du deinen vorbereiteten Arbeitsauftrag vor und alle Teilnehmer reflektieren ihn in Hinblick auf ihr eigenes Empfinden. Wichtig für das gemeinsame Verständnis ist, dass du immer nach konkreten Beispielen fragst, damit die anderen Teammitglieder die Einschätzung des Kollegen verstehen können.

Journaling: Wohin geht meine Reise?   #42

Ziel: Mit dieser Reflexionsübung soll jedes Teammitglied, das für ihn persönlich Wichtige würdigen und abschließen, um eine Öffnung für neue Projekte oder Themen zu ermöglichen. Es bietet die Möglichkeit einer tieferen Selbstreflexion und ist mit konkreten Handlungsschritten verbunden. Das Teammitglied kann sich im wahrsten Sinne des Wortes von „Altlasten" trennen und erzielte Ergebnisse und Lernerfahrung wertschätzen und in den persönlichen Rucksack der Ressourcen packen.

Zeitbedarf: 45–50 Minuten

Anzahl der Personen: alle Teammitglieder (bis 40 Teilnehmer)

Virtuelle Ressource: Online-Besprechungs-Plattform

Vorbereitung: Du benötigst die Journaling-Fragen.

Option A: Nutze den abgebildeten Journaling-Fragebogen.

Journaling-Reflexionsfragen:

1. **Ergebnisse und Leistungen:** Notiere die drei bis vier wichtigsten Fakten über dich. Was sind die wichtigsten Erfolge, die du erreicht hast, oder Kompetenzen, die du im Projekt oder in diesem Zeitraum privat entwickelt hast (Beispiele: Kinder erziehen; Abschluss ihrer Ausbildung, ein guter Zuhörer)?
2. **Herausforderungen:** Schau dich selbst von außen an, so als ob du eine andere Person wärst: Welche sind aktuell die drei bis vier wichtigsten Herausforderungen oder Aufgaben in deinem Leben (Arbeit und privat)?
3. **Entwickelndes Selbst:** Welches sind die drei bis vier wichtigsten Ziele, Interessenbereiche oder ungelebten Talente, denen du zukünftig mehr Gewicht in deinem Leben geben möchtest (Beispiele: einen Roman schreiben, sich sozial engagieren, ein neues Instrument lernen)?
4. **Frustration:** Was frustriert dich privat oder beruflich aktuell am meisten?
5. **Energie:** Was sind deine wichtigsten Energiequellen? Was sind Ihre Leidenschaften? Worin gehen Sie auf?
6. **Innerer Widerstand:** Was hält dich zurück? Beschreibe zwei oder drei vor Kurzem erlebte Situationen (im Beruf oder im Privatleben), in denen eine der folgenden drei inneren Stimmen laut geworden ist:
   - **kritische Urteilsstimme,** die deinen Geist verschlossen hat,

- **Zynismusstimme,** die zu einem Verschließen deines Herzens geführt hat statt zur Öffnung,
- **Angststimme,** die zum Festhalten statt Loslassen geführt hat.

7. **Riss:** Welche neuen Aspekte hast du in den letzten paar Tagen und Wochen bei dir bemerkt? Welche neuen Fragen und Themen beschäftigen dich?

8. **Soziales Umfeld:** Welche wichtigen/inspirierenden Menschen gibt es in deinem sozialen Umfeld? Was würden diese Menschen dir mit Blick auf deine Zukunft wünschen?
   Wähle drei Menschen mit unterschiedlichen Perspektiven auf dein Leben aus (zum Beispiel jemand aus deiner Familie, von deinen Freunden): Wenn du dich selbst durch ihre Augen betrachtest, was würden sie dir für dich und dein Leben wünschen?

9. **Helikopter-Perspektive:** Beobachte dich selbst von oben (aus der Helikopter-Perspektive): Was versuchst du in der aktuellen beruflichen beziehungsweise privaten Phase zu erreichen? Was siehst du konkret?

10. **Zeitsprung in die Zukunft:** Stell dir vor, du springst mittels einer Zeitmaschine zu den letzten Momenten deines Lebens, wenn es Zeit für dich ist, diese Erde zu verlassen. Blicke von dort zurück auf dein abgeschlossenes Team/Projekt und deine gesamte Lebensreise: Was möchtest du gerne in diesem Moment sehen? Welche Spuren möchtest du hinterlassen haben? Was sollen die Menschen über dich in Erinnerung behalten?

11. **Rückblick auf das Jetzt:** Schauen Sie von Ihrem Sterbebett auf Ihre aktuelle Situation.

12. **Künftiger Platz:** Stell dir vor, du wärst aktuell dein zukünftiges Ich, also eine andere Person aus der Zukunft. Versuche nun, deinem heutigen Ich mit all deiner Lebenserfahrung zu helfen. Welchen Rat würde dein zukünftiges Ich dir geben?

13. **Gegenwart:** Kommen Sie wieder zurück ins Jetzt. Was ist es, was Sie in den nächsten 3-5 Jahren erreichen wollen? Welche Ziele, Visionen haben Sie für Ihr berufliches Leben? Was sind zukünftig die wesentlichen Elemente in deinem persönlichen, beruflichen und gesellschaftlichen Leben? Beschreibe die auftauchenden Bilder, Gefühle, Elemente, Stimmungen so konkret wie möglich.

14. **Loslassen:** Was möchtest du gehen oder ziehen lassen, um deine Vision, deine Ziele zu realisieren und zu leben? Welches alte Zeug müssen Sie hinter sich lassenWelche alten Verhaltensweisen, Denkprozesse etc. müsstest du dafür ablegen?

15. **Säen:** Was in deinem jetzigen Leben könnten die Samen sein, die du jetzt säst, damit daraus deine gewünschte Zukunft erwächst? Wo siehst du den Anfang deiner Zukunft?

16. **Prototyping/Beispiel/Testumgebung:** Wenn du in den nächsten drei Monaten einen eine Testumgebung deiner Zukunft bauen könntest, mit deren Hilfe du das Neue deiner Zukunft schon einmal ausprobieren/leben könntest: Wie würde dieser Prototyp aussehen? Was könntest du konkret beobachten, wahrnehmen, sehen?

17. **Unterstützer:** Wer hilft dir, deine besten zukünftigen Möglichkeiten Wirklichkeit werden zu lassen? Wer sind deine wichtigsten Helfer und Unterstützer?
18. **Aktion:** Stell dir vor, du startest mit der konkreten Umsetzung deines Zukunftsprojekts: Welche konkreten, praktischen ersten Schritte tust du in den nächsten drei bis vier Tagen/Wochen?

Der Fragebogen basiert ursprünglich auf der Theorie U von Otto Scharmer und wurde angepasst.

Option B: Lade den Journaling-Fragebogen kostenlos als PDF von unserer Website herunter: https://nicht-aus-dem-sinn.de

Durchführung:

Prinzipien:

- Die Teilnehmer teilen die eigenen Journaling-Notizen nicht in der Gruppe! Die gemachten Notizen sind privat.
- Biete virtuelle Kleingruppen nach Abschluss des Journalings an, um die Erfahrungen zu reflektieren.
- Jeder Teilnehmer entscheidet selbst, was und wie viel er teilen möchte.

Journaling bedeutet, dass der Schreibprozess das Denken und die Reflexion der Teilnehmer anregt. Beim Schreiben entsteht der Denkprozess!

1. **Schritt – Vorbereitung direkt vor der Selbstreflexion**
   Stelle sicher, dass jeder entschleunigt im virtuellen Hier und Jetzt ist.
2. **Schritt – Journaling-Fragen**
   Lies jede Frage vor und bitte die Teilnehmer zu notieren, was ihnen in den Sinn kommt. Fahre mit der nächsten Frage fort, wenn die Mehrheit der Gruppe den ersten Schreibimpuls hinter sich hat (1–2 Minuten). Gib ihnen nicht zu viel Zeit. Es ist wichtig, in einen Schreibfluss zu kommen, ohne intensiv über die Antwort nachzudenken. Die spontane Idee zählt.
3. **Schritt – Reflexion der Erfahrungen**
   Aufteilung der Gruppe in virtuelle Paare und Austausch über die gemachten Erfahrungen in virtuellen Break-out-Sessions. Denke an den Hinweis, dass jeder Teilnehmer selbst entscheidet, was und wie viel er mitteilen möchte.

Zukunft oder was ich an dir schätze   #43

Ziel: In jedem Projekt gibt es einen Abschluss und manchmal wird ein Team wegen Umstrukturierung aufgelöst. Aus der Trauerforschung ist bekannt, dass erst ein Abschied offen für Neues macht. Ziel dieser Übung ist es, die Vergangenheit zu würdigen und gestärkt nach vorn zu schauen.

Zeitbedarf: ca. 1,5 Stunden

Anzahl der Personen:

Option A: bis 10 Teilnehmer

Option B: Mehr als 10 Teilnehmer arbeiten mit persönlichen Whiteboards.

Virtuelle Ressourcen: Online-Besprechungs-Plattform; für Option B benötigst du noch ein virtuelles Whiteboard

Vorbereitung:

Option A: Bereite eine Folie (Word oder PowerPoint) mit dem Satzvorschlag vor: „*Wenn ich dich so anschaue, wie ich dich [im Projekt … in den letzten Jahren] kennengelernt habe, dann schätze ich […] an dir. Ich habe von dir […] gelernt und für die Zukunft würde ich mir [ein Entwicklungsvorschlag] für dich wünschen.*"

Option B: Bereite ein virtuelles Whiteboard mit benannten Bereichen für jedes Teammitglied vor. Auf den einzelnen Bereichen steht: Was schätze ich an dir? Was habe ich von dir gelernt? Und was wünsche ich dir für die Zukunft?

Durchführung:

Variante A: Mögliche Anmoderation: „*Damit wir gestärkt in die Zukunft blicken können und die Vergangenheit und unsere Zusammenarbeit würdigen, machen wir folgende Übung: Jeder wird jedem reihum Feedback geben. Das erste Teammitglied erhält Feedback nach einer strukturierten Form von Teammitglied 2, Teammitglied 3 usw. Jeder startet immer mit folgendem Satz: 'Wenn ich dich so anschaue, wie ich dich [im Projekt … in den letzten Jahren] kennengelernt habe, dann schätze ich […] an dir. Ich habe von dir […] gelernt und für die Zukunft würde ich mir [ein Entwicklungsvorschlag] für dich wünschen.'*" Der Satz könnte sich von einem Teilnehmer so anhören: „*Wenn ich dich so anschaue, wie ich dich in den letzten drei Jahren erlebt habe, während wir zusammengearbeitet haben, dann schätze ich an dir deine ruhige und gelassene Art, auch wenn es hitzig wird. Ich habe von dir gelernt, wie man Präsentationen besser auf den Punkt bringt, und für die Zukunft würde ich mir für dich wünschen, dass du ab und an mehr Kante zeigst. Ich glaube, das würde gut zu dir passen.*"

Vorgabe ist, dass man nicht das Gesagte des Vorgängers wiederholt, sondern versucht, etwas anderes zu finden.

Variante B: Eine mögliche Anmoderation könnte sein: „*Damit wir gestärkt in die Zukunft blicken können und die Vergangenheit und Zusammenarbeit würdigen, machen wir folgende Übung: Jeder hat einen eigenen Bereich auf dem virtuellen Whiteboard. Dort stehen die gleichen Fragen: Was schätze ich an dir? Was habe ich von dir gelernt? Und was wünsche ich dir für die Zukunft? Jeder gibt jedem Feedback. Wenn bereits jemand etwas hingeschrieben hat, dass man selbst schreiben wollte, dann ergänzt er es mit einem Strich dahinter. Im Anschluss machen wir eine kurze Reflexionsrunde.*"

2.7 Toolübersicht

Der Markt für Online-Tools ist sehr dynamisch und wenn dieses Buch erscheint, gibt es bereits wieder viele neue Möglichkeiten. Daher stellt diese Übersicht nur einen kleinen Ausschnitt dar und hat nicht den Anspruch auf Vollständigkeit.

Digitale Whiteboards

Miro, Mural, Nexboard, Conceptboard sind digitale Whiteboards. Sie haben eine kostenfreie Lizenz für eine zeitlich und im Umfang befristete Nutzung. Von der Art der Nutzung sind sie mehr oder weniger identisch, nur im Funktionsumfang unterscheiden sie sich. Wir haben mit allen Boards gute Erfahrungen gemacht und empfehlen, sie entsprechend auszuprobieren. Wenn du von einem Firmennetzwerk auf die jeweiligen Boards zugreifst, prüfe bitte, ob eure IT-Abteilung die Nutzung der jeweiligen Boards zulässt und sie der firmeninternen Datenschutzverordnung entsprechen.

OneNote von Microsoft ist ein gutes Werkzeug, welches im Firmenverbund gut eingesetzt werden kann, wenn gemeinsam an Informationen gearbeitet wird.

Online-Abfragen
Neben den meisteingebauten synchronen Umfrage-Möglichkeiten in den Online-Plattformen gibt es:

- Mentimeter
- Kahoot
- Microsoft Forms

Der Unterschied zu asynchronen Umfragen sind Online-Umfragen, wie zum Beispiel Survey Money. Diese Art von Fragebögen müssen nicht notwendigerweise in der Online-Veranstaltung, sondern können außerhalb der Veranstaltung beantwortet werden.

Sonstige Werkzeuge:

- Random Wheel Picker: https://tools-unite.com/tools/random-picker-wheel
- Online-Spiele: https://www.brightful.com
- Interaktionsplattform: https://wonder.me
- Konferenzplattform: https://gather.town
- Timer: https://timer.onlineclock.net
- Zufälligen Namen auswählen: https://wheelofnames.com/de/ oder https://tools-unite.com/tools/random-picker-wheel

Backstage 18: Hilfe zur Toolauswahl

Du musst nicht alle kollaborativen Tools auf dem Markt kennen und bedienen können, um eine gute virtuelle Teamentwicklung zu machen. Eigne dir ein kleines Repertoire mit verschiedenen Optionen an. Je nach Situation brauchst du unterschiedliche Tools: Beispielsweise verbietet dir dein Auftraggeber bestimmte Tools oder deine Teilnehmer sind einmal mehr oder weniger technikaffin.

Folgende Fragen helfen dir, das passende Tool zu wählen:

- Wie technikaffin sind meine Teilnehmer? Wie leicht fällt es ihnen, zwischen verschiedenen Tools zu wechseln?
- Was möchtest du methodisch-didaktisch erreichen und welche Funktionalitäten brauchst du dafür?
- Welche Rahmenbedingungen gibt es?

Diese kleine Übersicht kann dir helfen:

Technikaffinität der Teilnehmer

Ich habe eine Affinität für Technik

◄──►
gering   fortgeschritten   hoch

Was bin ich gewohnt im virtuellen Besprechungen?

◄──►
nur Teilen von Präsentationen   synchrones arbeiten an digitalen Whiteboards (z.B. Miro)

◄──►
nur Web-Konferenz Tool   verschiedene Apps*) parallel geöffnet

*) Apps können sein: Padlet, digitale Whiteboards, z.B. Mural, integrierte Whiteboards, Umfragen, Browser, MS-Office-Applikationen etc.

Haben die Teilnehmer Schwierigkeiten, zwischen verschiedenen Fenstern zu wechseln, dann sollte sich möglichst alles innerhalb des plattformeigenen virtuellen Whiteboards abspielen. Dort gibt es integrierte, einfache Whiteboards, die ebenso interaktiv eingesetzt werden können. Bekommen die Teilnehmer den Wechsel zwischen zwei Fenstern gut hin und möchtest du einen stärkeren Fokus auf die Bearbeitung von Aufgaben legen, kannst du Drittanwendungen dazunehmen, wie beispielsweise die Arbeit mit einem Padlet (siehe die folgende Abbildung):

Sofern es zur Zielsetzung und zu den Rahmenbedingungen passt, können umfangreiche Tools wie Mural, Miro und Co. eine ausgezeichnete Wahl sein. Gerade die virtuelle Teamentwicklung lebt vom Workshop-Charakter. Damit kannst du leicht kollaborative Erlebnisse in den Mittelpunkt stellen.

Wichtig ist bei allen eingesetzten Tools, am Anfang sicherzustellen, dass die Teilnehmer die benötigten Tools bedienen können. Wie du deine Teilnehmer heranführst, findest du in einem eigenen Backstage-Artikel.

3. Energizer

Auch im Homeoffice kannst du Spaß mit deinen Kollegen haben. Energizer sind kurze Interaktionen, die zu Beginn eines virtuellen Teammeetings, während eines virtuellen Teammeetings oder nach einer Pause eingesetzt werden. Hauptziel eines Energizers ist es, die Gruppe mit neuer Energie zu versorgen und eine positive Grundstimmung zu erzeugen.

3.1 Übersicht

Bei der Auswahl eines Online-Energizers lohnt es sich, einen Blick auf die Agenda zu werfen, um herauszufinden, welche Art von Energizer am passendsten ist. Warum werden Energizer überhaupt benötigt? Energizer nehmen die Scheu des unerfahrenen Teilnehmers, mit dem eigenen Rechner zu sprechen, sie können die Stimmung aufheitern, einfach nur Spaß machen oder einen Bezug zum Thema haben. Wir sitzen oftmals lange vor dem Rechner. Daher kann der Energizer auch eine körperliche Aktivierung sein. Passe deinen Energizer an dein Team und dessen Bedürfnisse an und wähle ihn in Abhängigkeit von dem Ziel, das du erreichen möchtest.

Überblick über alle Energizer in diesem Buch

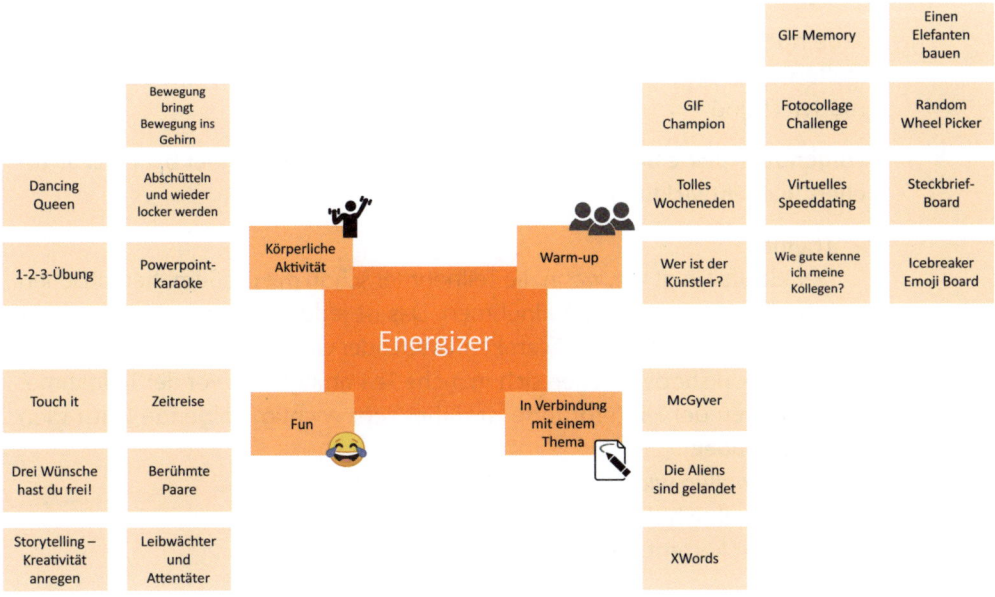

3.2 Warm-up Energizer

Einige Energizer eignen sich hervorragend, um eine Gruppe aufzuwärmen oder neue Teammitglieder vorzustellen. Diese Warm-ups kannst du auch jederzeit während deines virtuellen Workshops durchführen. Diese Energizer können ebenfalls genutzt werden, um mit dem Tool (z. B. dem Mural Board) warm zu werden.

Backstage 19: Wege der virtuellen Motivation

Kürzlich äußerte ein Teilnehmer einer virtuellen Teamentwicklung die Erwartungshaltung, dass er hier kein Clowning wünsche. Etwas irritiert ob der Aussage hakte ich nach und wollte herausfinden, was er konkret mit Clowning meinte. Er sagte, dass er in der letzten Zeit das Gefühl habe, dass in vielen virtuellen Veranstaltungen lächerliche Dinge gemacht würden, nur um zwanghaft gute Laune zu erzeugen. Ich fand seine Anmerkung interessant und dachte intensiver darüber nach.

 Übersetzt bedeutet „Clowning" Späße machen. Doch warum nicht auch virtuell gute Stimmung erzeugen? Natürlich nur, wenn es der Situation angemessen ist. Sehen wir uns einmal an, woher die Motivation der Teilnehmer bei virtuellen Meetings oder Workshops kommt oder was deren Motivation beeinflusst.

Jede noch so große Bemühung, eine gute virtuelle Teamentwicklung zu gestalten, wird nicht erfolgreich sein, wenn die Teilnehmer nicht ausreichend motiviert sind.

Folgende Aspekte beeinflussen die Motivation der Teilnehmer bei einer virtuellen Teamentwicklung:

- **Thema**
  Der Idealfall liegt vor, wenn die Teilnehmer schon mit großem thematischen Interesse am Workshop teilnehmen. Das ist jedoch leider nicht immer der Fall. Gerade bei virtuellen Teamkonflikten oder virtuellen Rollen- und Schnittstellenworkshops scheuen sich manche Teammitglieder vor der Teilnahme. Das Klären der Hintergründe ist daher sehr wichtig. Folgende Leitfragen helfen dabei:
  - Was wollen wir mit dem Workshop erreichen?
  - Was soll sich danach verändert haben?
  - Woher kommt der Veränderungsbedarf?

- **Gefühl der Kontrolle**
  Gerade wenig technikaffine Teilnehmer scheuen die Technik. Sie haben Angst, Fehler zu machen oder das System zum Absturz zu bringen. Zeigst du ihnen jedoch zum Einstieg, wie sie die Technik benutzen können, förderst du damit ihr Zutrauen und das Vertrauen in die Technik. Daher kombiniere zum Einstieg in einen virtuellen Teamworkshop die Features, die du benötigst (z. B. Chat, Umfragen, integriertes Whiteboard) mit dem Check-in. Damit involvierst du deine Teammitglieder und machst sie sicherer im Umgang mit der Technik. Ein Lob für eine erfolgreiche technische Ausführung der Aufgabe ermutigt auch technikunerfahrene Teilnehmer, sich einzubringen und ihre Meinung auch online zu teilen.

- **Methodik und Vorgehen**
  Ein interessanter Methodenmix und eine abwechslungsreiche Gestaltung des virtuellen Teamworkshops fördern die Bereitschaft, aufmerksam teilzunehmen und sich aufmerksam zu beteiligen. Von den Teilnehmern als herausfordernd, aber gleichzeitig lösbar empfundene virtuelle Aufgaben wirken sich positiv aus. Zu einfache oder zu schwierige Aufgaben wirken sich dagegen negativ auf die Motivation aus.

- **Arbeitsklima**
  Teilnehmerbeiträge oder erarbeitete Lösungen einer virtuellen Teilgruppe bleiben oftmals unkommentiert. Positives Lob und Bestärkung wirken sich beispielsweise förderlich auf das Arbeitsklima aus. Lob für wertvolle Teilnehmerbeiträge ermuntert Teammitglieder, sich zu beteiligen. Erwähne auch, worin du den besonderen Wert des Beitrags siehst. Sobald ein Beitrag geäußert wurde, kannst du auch eine konkretisierende Frage dazu stellen. Damit fühlt sich der Teilnehmer gehört und du signalisierst Interesse. Gerade in der Startphase eines virtuellen Teamworkshops wirkt sich ein Lob für das Einhalten der virtuellen Regeln positiv aus. Auch der Einsatz von Humor und überraschenden Elementen fördert eine positive Workshopatmosphäre.
  Ich lasse beispielsweise gerne einmal die Teilnehmer sich selbst auf die Schulter klopfen und loben, wenn sie das erste Mal in einer virtuellen Breakout-Session waren und erfolgreich zurückgekehrt sind.

- **Persönlichkeit der Führungskraft, des Trainers oder des Coaches**
  Die eigene Begeisterung für die Thema, ein echtes Interesse an den Teilnehmern und ein unterstützendes Verhalten der Führungskraft oder des Coaches können selbst bei schwierigen Themen die Teilnehmer virtuell bei der Stange halten. Die innere Haltung „Ich will dich verstehen" – verbunden mit einer natürlichen Neugier – wirken motivationssteigernd.

Clowning in einer der Situation angepassten und authentischen Art kann somit sehr bereichernd für die Motivation der Teilnehmer sein.

#44 GIF Champion

Ziel: Bei der GIF Challenge geht es um Kreativität. Ganz nebenbei lernen die Teilnehmer den Umgang mit dem virtuellen Board – vor allem das schnelle Einfügen von externen GIFs – und haben dabei noch Spaß.

Zeitbedarf: 10–15 Minuten

Anzahl der Personen: 8–10 Teilnehmer

Virtuelle Ressourcen: Online-Besprechungs-Plattform, virtuelles Whiteboard

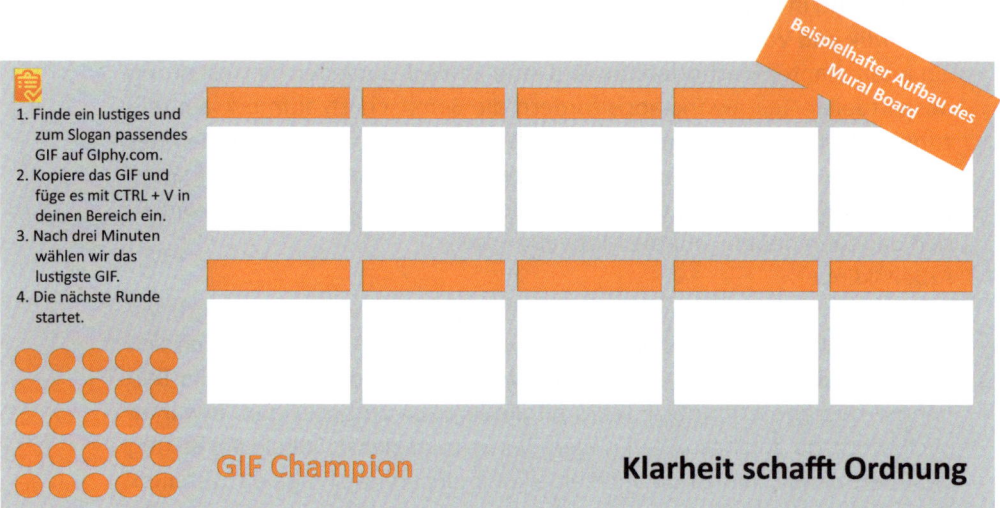

1. Finde ein lustiges und zum Slogan passendes GIF auf GIphy.com.
2. Kopiere das GIF und füge es mit CTRL + V in deinen Bereich ein.
3. Nach drei Minuten wählen wir das lustigste GIF.
4. Die nächste Runde startet.

GIF Champion   **Klarheit schafft Ordnung**

Beispielhafter Aufbau des Mural Board

Vorbereitung: Erstelle auf einem Whiteboard Spielbereiche für jeden Teilnehmer. Denk dir drei bis vier Phrasen aus, die zu deinem Thema passen, wie beispielsweise „Lebenslanges Lernen", „Virtuell", „Teamentwicklung" etc. Lege auf dem Board einen Bereich an, in dem die Phrase gut sichtbar ist. Halte virtuelle Klebepunkte für das Voting auf dem Board bereit. Suche ein Beispiel-GIF für deine erste Phrase.

Durchführung: Fordere die Teilnehmer auf, in einem anderen Browser-Tab https://giphy.com zu öffnen. Erläutere, wie das schnelle Kopieren und Einfügen funktionieren (z. B. werden bei Mural die kopierten GIFs mit Ctrl und V eingefügt).

Führe nun die erste Runde durch. Stelle deine erste Phrase auf das Board, zum Beispiel „Klarheit schafft Orientierung!", und bitte die Teilnehmer nun, in den nächsten drei Minuten ein passendes GIF in ihren Spielbereich einzufügen.

Nach drei Minuten (du kannst den Timer auf dem Board stellen) beginnen die Teilnehmer, das beste GIF durch ein Voting zu prämieren und gemeinsam darüber zu lachen. Anschließend folgt die nächste Runde. Spiele vier bis fünf Runden.

Am Ende zählt ihr die Punkte zusammen und kürt den Sieger.

GIF Memory

Ziel: GIF Memory ist ein Gedächtnistraining, bei dem es auch um Schnelligkeit und Spaß geht. Gleichzeitig werden die Teilnehmer an das virtuelle Board (z. B. Mural oder Miro) herangeführt.

Zeitbedarf: 10–15 Minuten

Anzahl der Personen: 8–10 Teilnehmer

Virtuelle Ressourcen: Online-Besprechungs-Plattform, Whiteboard oder Google Docs

Vorbereitung: Lade 10 bis 15 GIFs auf das Whiteboard und dupliziere sie einmal. Verteile die GIFs nun auf dem Whiteboard und decke sie mit Post-its ab. Liste die Namen der Teilnehmer auf dem Board auf.

> **Top-Tipp!**
>
> Bei https://giphy.com kannst du deine eigenen GIFs erstellen.

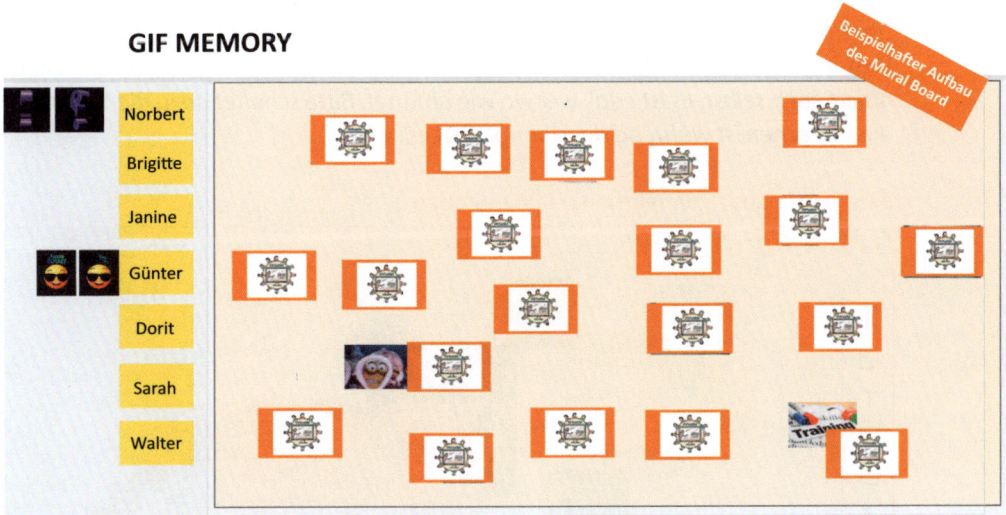

Durchführung: Der Ablauf entspricht dem eines klassischen Memory-Spiels. Die notierten Namen bilden die Reihenfolge der Spieler. Wer zwei richtige Karten aufgedeckt hat, nimmt die Karten auf seinen Stapel und darf weitermachen, bis er eine falsche Karte aufgedeckt hat. Dann ist der nächste Spieler an der Reihe. Das wird so lange wiederholt, bis jeder Spieler an der Reihe war und keine GIFs mehr übrig sind. Pro Spielzug sind maximal 60 Sekunden zulässig.

Dieser Energizer bringt gute Laune und macht einfach Spaß.

#46 Einen Elefanten bauen

Ziel: Dieser Energizer bietet sich am Eingang einer Veranstaltung an, damit Energie und Leben in die Veranstaltung kommen und gleich zu Beginn ein Gemeinschaftsgefühl entsteht. Außerdem werden die Teilnehmer mit dem Whiteboard vertraut. Das ist sinnvoll, wenn du es im weiteren Meetingverlauf einsetzen möchtest.

Zeitbedarf: ca. 10 Minuten

Anzahl der Personen: bis zu 100 Teilnehmer

Virtuelle Ressourcen: Online-Besprechungs-Plattform und ein digitales Whiteboard

Vorbereitung: Das digitale Whiteboard (z.B. Miro) muss erstellt und der dafür passende Link bereitgestellt werden.

Durchführung: Nutze gerne folgende Anmoderation:

„Damit wir gleich in der Veranstaltung alle aktiv sind, nutzen wir unsere gesamte Kreativität und bauen gemeinsam einen Elefanten. Hierfür habe ich ein Post-it Board vorbereitet."

Verteile den Link dazu im Chat.

„Ihr habt jetzt die Aufgabe, mit den Post-its (erkläre den Teilnehmern, wie sie die Post-its im Board erhalten und bewegen können) *einen Elefanten zu bauen. Organisiert euch selbst. Es ist egal, wer wo wie anfängt. Bitte schaltet dazu die Mikrofone aus. Sprechen ist während der Übung nicht erlaubt."*

Beispiel Lösung – gemeinsamer Elefantenbau

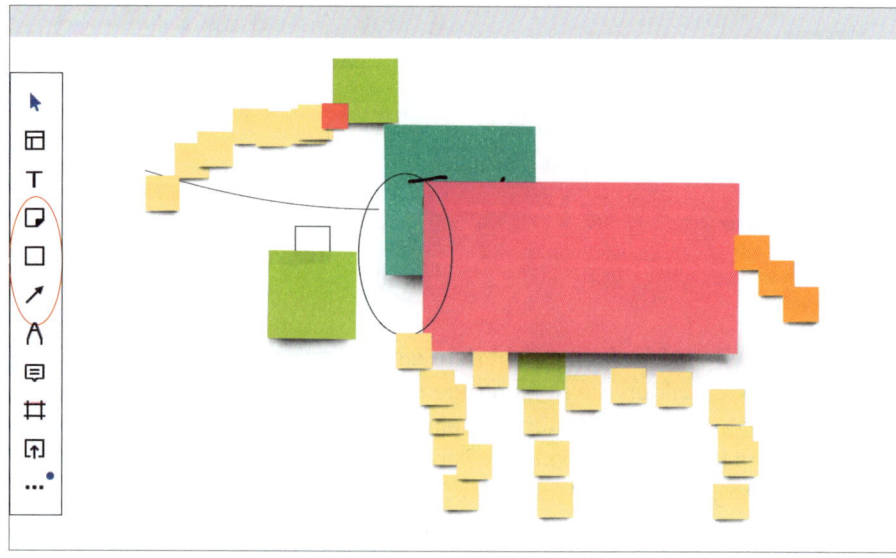

Gib den Teilnehmern vier Minuten Zeit, nach ca. 30 Sekunden kann man bereits die eine oder andere Kontur erkennen, was es werden kann. Die Teilnehmer nutzen meist nicht nur die vorgeschlagenen Post-its, sondern wählen auch zusätzliche Icons, zeichnen ein Herz oder große Ohren.

Um etwas Wettbewerb zu initiieren, kannst du auch Teams bilden, die gegeneinander spielen. Wer zuerst fertig ist, gewinnt.

Virtuelles Speeddating #47

Ziel: Die Kollegen lernen sich virtuell besser kennen. Die einzelnen Paare sollen so viele Gemeinsamkeiten wie möglich finden. Die gefundenen Gemeinsamkeiten werden idealerweise auf einem Whiteboard visualisiert.

Zeitbedarf: ca. 20 Minuten

Anzahl der Personen: bis zu 20 Teilnehmer

Virtuelle Ressourcen: Online-Besprechungs-Plattform mit der Möglichkeit, Break-out-Sessions zu bilden, und ein virtuelles Whiteboard (ist nicht zwingend erforderlich)

Vorbereitung: Falls du ein Whiteboard einsetzen möchtest, bereite dies vor. Notiere die Namen der Teammitglieder auf dem Whiteboard.

Durchführung: Leite die Aufgabe wie folgt ein: *„Wer von euch kennt Speeddating? Bitte nutzt das Akklamationszeichen!"* Anschließend lässt du erklären, woher die Teilnehmer Speeddating kennen. Frag danach, wie es funktioniert. *„Ich werde euch gleich zu zweit in virtuelle Kleingruppen einteilen. Findet so viele Gemeinsamkeiten wie möglich und notiert diese auf dem virtuellen Whiteboard. Verbindet euren Namen und den eures Kollegen mit einer Linie und notiert eure Gemeinsamkeiten. Nach vier Minuten werde ich die virtuelle Break-out-Session beenden. Unmittelbar danach werdet ihr einen weiteren neuen Kollegen kennenlernen. Ihr habt erneut vier Minuten Zeit, um eure Gemeinsamkeiten herauszufinden und auf eure gemeinsame Linie zu notieren. Anschließend tauschen wir ein letztes Mal unseren Gesprächspartner."*

Sollten die Teilnehmer noch nicht mit dem Whiteboard gearbeitet haben, erkläre kurz, wie die Teilnehmer die Linie ziehen können und auf dem Whiteboard schreiben können. Teile den Link zum Whiteboard mit den Teilnehmern im Chat.

Auf dem Whiteboard entsteht eine Art Netzwerk an Gemeinsamkeiten. Du kannst das Bild sehr schön als Metapher nutzen, um zu zeigen, wie verbunden die Teammitglieder bereits jetzt schon sind.

 Top-Tipp!

Du kannst Speeddating gut mit einem vorbereiteten Vorstellungsboard verbinden. Auf dem unteren Bild siehst du, wie es aussehen könnte.

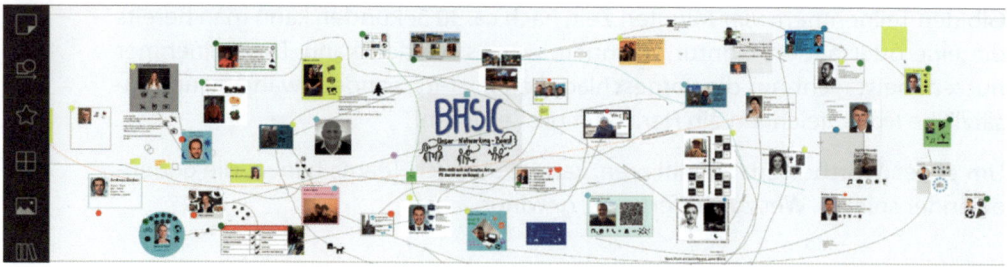

#48 Fotocollage Challenge

Ziel: Die Fotocollage Challenge fördert das gegenseitige Kennenlernen und gleichzeitig lernen die Teilnehmer die Grundfunktionen eines virtuellen Boards kennen. Der Energizer ist kreativ und macht gleichzeitig Spaß.

Zeitbedarf: 15 Minuten

Anzahl der Personen: 8–10 Teilnehmer

Virtuelle Ressourcen: Online-Besprechungs-Plattform und Whiteboard (z. B. Miro oder Mural)

Vorbereitung: Eröffne ein virtuelles Whiteboard und richte für jeden Teilnehmer einen eigenen Bereich ein. Wähle ein Thema für die Collage. Das kann beispielsweise eine Vorstellungsrunde sein oder ein bestimmtes Thema, wie zum Beispiel Konflikte im Team. Eine Beispielcollage verdeutlicht die Aufgabe. Halte zwei Klebepunkte pro Teilnehmer für die beste Collage bereit.

Durchführung: Die Teilnehmer erhalten sieben Minuten Zeit, um ihre Collage zu erstellen. Setze den thematischen Rahmen und erläutere, wie die Bilder auf das Board geladen werden.

Jeder Teilnehmer hat nun eine Minute Zeit, seine Collage selbst vorzustellen.

Im Anschluss voten die Teilnehmer für die schönste Collage.

 Top-Tipp!

Hast du wenig Zeit, dann kannst du diesen Energizer auch offline vorbereiten lassen.

Random Wheel Picker   #49

Ziel: Für das zufallsmäßiges Auswählen von Teilnehmern an einem Team- oder Projekttag bietet der Random Wheel Picker eine schöne Möglichkeit.

Zeitbedarf: ca. 15 Minuten

Anzahl der Personen: bis zu 15 Teilnehmer

Virtuelle Ressourcen: Online-Konferenz-Plattform, Online Random Wheel Picker (https://tools-unite.com/tools/random-picker-wheel)

Vorbereitung: Bereite den Random Wheel Picker vor. Du kannst ihn mit Fragen oder mit den Namen der Teilnehmer bestücken. Entweder gibst du die Frage an den ersten Teilnehmer. Dieser gibt in der nächsten Runde an einen Teamkollegen weiter. Oder du gibst die Namen ein und visualisierst die Fragen auf einer PowerPoint-Folie. Der von Random Wheel Picker ausgewählte Spieler kann entscheiden, wer seine gewählte Frage auf der PowerPoint-Folie beantworten soll.

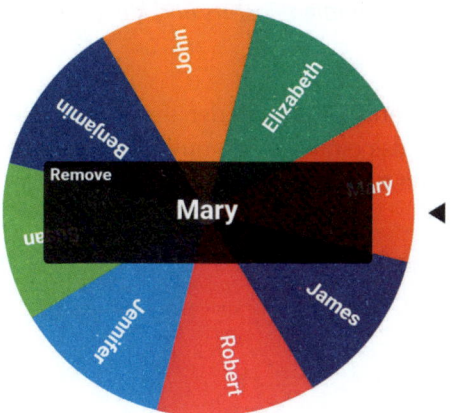

Mögliche Fragen könnten sein:

- Was war dein Highlight am Wochenende?
- Erzähl uns eine witzige Geschichte aus deinem Arbeitsalltag.
- Was ist dein Hobby?
- Welchen Berufswunsch hattest du als Kind?
- Mach eine Yogafigur vor der Kamera.

Durchführung:

Stell das Random Wheel vor und geh auf die Durchführungsregeln ein. Los geht's.

 ## Tolles Wochenende

Ziel: Die Teilnehmer sollen spielerisch ihr Team näher kennenlernen. Dazu laden sie Bilder ihres letzten Wochenendes auf ein Whiteboard. Die Teilnehmer selbst sollen nicht auf den Bildern zu sehen sein.

Zeitbedarf: ca. 10–15 Minuten

Anzahl der Personen: bis zu 10 Teilnehmer

Virtuelle Ressourcen: ein digitales Whiteboard und eine Online-Besprechungs-Plattform

Vorbereitung: Die Teilnehmer senden vor der Veranstaltung ein Bild ihres letzten Wochenendes zum Moderator. Auf dem Bild sind sie selbst nicht sichtbar, sondern nur die Situation. Diese Bilder werden alle nebeneinander auf dem digitalen Whiteboard platziert.

Durchführung:

1. Anmoderation: *„Jeder von euch hat mir ein Bild von seiner Aktivität am Wochenende zukommen lassen. Ich habe sie alle auf ein digitales Whiteboard geladen. Eure Aufgabe ist es zu erraten, welchem Teamkollegen das jeweilige Bild zuzuordnen ist. Nutzt dafür die digitalen Post-its und klebt sie neben das jeweilige Bild."* (Zeit: ca. 3–5 Minuten)
2. Auflösung
   Bitte nun die jeweiligen Teammitglieder, sich ihren Bildern zuzuordnen. Frag das Team, woran es das einzelne Teammitglied erkannt hat. Gewonnen hat das Teammitglied mit den meisten Punkten.

Wer ist ein Künstler?

Dies ist ein großartiger, kreativer Online-Energizer, den du im Team im Vorfeld oder während der Online-Sitzung vorbereiten lassen kannst. Lade jeden Teilnehmer ein, ein Bild zu zeichnen, das eine einzigartige Geschichte oder Tatsache über sein Leben erzählt. Es können Stift und Papier verwendet werden, es kann auf Papier oder digital, direkt in ein Online-Whiteboard-Tool gezeichnet werden. Gleichzeitig führst du die Teilnehmer an die Schreibwerkzeuge auf einem Whiteboard heran.

Ziel: Die Teilnehmer anregen, kreativ zu sein und sich einmal anders vorzustellen.

Zeitbedarf: ca. 15–20 Minuten

Anzahl der Personen: bis zu 14 Teilnehmer

Virtuelle Ressourcen: Online-Besprechungs-Plattform und ein digitales Whiteboard

Vorbereitung: Entscheide, ob du es mit Papier und Stift oder mit einem Online-Whiteboard machen möchtest. Bereite gegebenenfalls eine leere Seite auf einem Tool vor, auf das die Teilnehmer zugreifen und mit dem sie arbeiten können.

Durchführung: Lade jeden Teilnehmer ein, ein Bild zu zeichnen, das eine einzigartige Geschichte oder Tatsache über sein Leben erzählt. Teile zusätzlich den entsprechenden Link. Wenn du es anspruchsvoller gestalten möchtest, gib den Teilnehmern nur 30 Sekunden Zeit, um ihr Bild zu zeichnen, oder lass sie eine Desktop-Zeichenanwendung verwenden und erlaube kein Löschen oder Bearbeiten. Zeichnungen, die mit hoher Geschwindigkeit gezeichnet werden und Fehler enthalten, können diese Übung auflockern.

Ich liebe diese Übung, denn sie ermutigt die Menschen, kreativ zu sein, sie verändert den Ablauf des Workshops und ermöglicht es den Menschen, persönliche Erfahrungen in einer sicheren Umgebung zu machen. Sie ist auch sehr einfach durchzuführen und kann an jeden Online-Workshop angepasst werden.

Wenn du ebenfalls ein Online-Whiteboard verwendest, lass alle Bilder in einer Galerie veröffentlichen. Das Ergebnis wird eine schöne Erinnerung daran sein, was ihr an diesem Tag erreicht habt! Wenn du nur eine Videosoftware verwendest, können die Teilnehmer ihre Bilder in die Kamera halten.

Wie gut kenne ich meinen Kollegen?

Ziel: Als Einstieg in eine gemeinsame Teambesprechung kann der Energizer auflockern. Die Teilnehmer lernen die eigenen Teamkollegen besser kennen.

Zeitbedarf: ca. 10 Minuten

Anzahl der Personen: bis zu 15 Teilnehmer

Virtuelle Ressourcen: Online-Besprechungs-Plattform, virtuelles Whiteboard

Vorbereitung: Jedes Teammitglied sendet dir ein Bild vom letzten Wochenende. Es zeigt beispielsweise einen Wanderweg oder einen Rasenmäher. Stelle diese Bilder ohne Namen alle der Reihe nach auf ein virtuelles Whiteboard. Wenn du kein digitales Whiteboard hast, kannst du die Bilder einfach nur abspeichern und während des Meetings einzeln zeigen. Speichere sie in diesem Fall nicht mit dem Namen des Eigentümers ab, da man den Dateinamen später beim Teilen sieht.

Durchführung: „*Zum heutigen Einstieg hat mir jeder von euch ein Bild zukommen lassen. Jetzt ist es an der Zeit herauszufinden, welches Bild zu wem gehört.*" Jetzt teilst du das erste Bild entweder auf dem virtuellen Whiteboard oder mit der Option „Bildschirm teilen" und fragst in die Runde, zu wem dieses Bild gehören könnte. Der Bildinhaber schweigt selbstverständlich.

 Top-Tipp!

Dieser Energizer kann auch sehr gut offline gespielt werden – gerade wenn ihr wegen unterschiedlicher Zeitzonen wenig gemeinsame Zeit im Team habt.

Eine lustige Variante davon ist es, den Schreibtisch der Kollegen zu erraten. Die Teilnehmer posten Bilder ihres Schreibtisches auf ein virtuelles Whiteboard oder senden es per E-Mail an dich und du teilst das Bild.

#53 Icebreaker Emoji Board

Ziel: Seit einigen Jahren existieren Emojis im Internet. Sie sind mittlerweile fester Bestandteil der virtuellen Kommunikation. Wir drücken Emotionen durch Emojis aus. Ziel ist es, das Kommunikationsverhalten besser zu verstehen.

Zeitbedarf: ca. 5–10 Minuten

Anzahl der Personen: bis zu 8 Teilnehmer

Virtuelle Ressource: Online-Besprechungs-Plattform

Vorbereitung: Lade dir eine Übersicht der Emojis in den virtuellen Konferenzraum. Du kannst einfach einen Screenshot deines Handys machen.

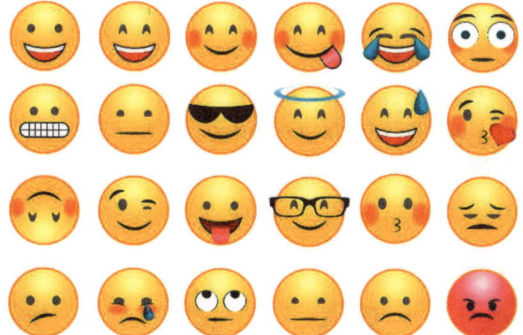

Durchführung:

1. Erstelle eine Liste der Mitspieler und verteile die Liste an die Mitspieler.
2. In den nächsten fünf Minuten schätzt jeder Mitspieler, welches Emoji die Kollegen am häufigsten und am liebsten nutzen.
3. Die Antworten werden verglichen und jede richtige Antwort bekommt fünf Punkte.

 Top-Tipp!

Möchtest du den Energizer schneller durchführen und hast du einen Online-Stempel wie beispielsweise in Webex zur Verfügung, kannst du deine Teilnehmer bitten, ihr Voting mit dem Online-Stempel abzugeben. Das spart Zeit.

3.3 Fun Energizer

Der Hauptzweck dieser Online-Energizer ist es, Spaß zu haben. Fun Energizer bereichern jedes virtuelle Team und können ein Teammeeting auflockern.

Leibwächter und Attentäter   #54

Ziel: Mit etwas Ablenkung auf ein anderes Thema sollen die Teilnehmer den Kopf frei bekommen, damit sie im weiteren Verlauf des Workshops wieder voll dabei sind.

Zeitbedarf: ca. 10 Minuten

Anzahl der Personen: mindestens 9 bis zu 20 Teilnehmer

Virtuelle Ressourcen: Online-Besprechungs-Plattform, virtuelles Whiteboard mit Post-its

Vorbereitung: Auf dem Whiteboard (z. B. Miro) sollen so viel Avatare wie Teilnehmer sein. Gib jedem Avatar einen Teilnehmernamen. Jeder Teilnehmer hat Zugriffsrechte auf das virtuelle Board.

Leibwächter und Attentäter

All figures are from Brickpedia.com

Durchführung: Jeder greift auf das Whiteboard zu. Die Teilnehmer sehen ihre digitalen Avatare. *„Wir sind alle in einem Krimi. Jeder von uns hat einen Leibwächter und wie in jedem guten Krimi gibt es auch einen Attentäter. Der Leibwächter schützt euch vor dem Attentäter. Wählt jetzt bitte eine Person im Raum aus, der ihr gedanklich die Rolle des Leibwächters zuordnet."*

Nachdem jeder eine Person gewählt hat, bittest du die Teilnehmer, gedanklich eine weitere Person für den Attentäter auszuwählen.

„Aufgabe ist es, deinen Avatar so zu positionieren, dass dein Leibwächter zwischen dir und dem Attentäter steht."

Lass die Übung eine Minute laufen.

Als weitere Option kannst du in der zweiten Runde den Leibwächter mit dem Attentäter vertauschen und nochmals neu beginnen.

Top-Tipp!

Hast du mehr Zeit, dann kann jeder zu Beginn seinen eigenen Avatar auf https://j0e.org.avatars24.com bauen und auf dem digitalen Whiteboard einfügen. Dies dauert zusätzlich ca. 10 Minuten.

Drei Wünsche hast du frei!

#55

Ziel: Über Wünsche und Träume zu sprechen, kann eine gute Möglichkeit sein, einen Raum zu beleben und die Menschen zum Reden zu bringen. Auf diesem virtuellen Energizer werden die Teilnehmer ermutigt, drei Wünsche auszuwählen und diese mit der Gruppe zu teilen.

Zeitbedarf: ca. 10–15 Minuten

Anzahl der Personen: bis zu 20 Teilnehmer

Virtuelle Ressourcen: Online-Besprechungs-Plattform und ein digitales Whiteboard

Vorbereitung: Link für ein leeres digitales Whiteboard erstellen, gegebenenfalls die Aufgaben auf dem Whiteboard notieren

Durchführung: Lade Teilnehmer dazu ein, auf dem Online-Whiteboard ein GIF oder ein Bild hochzuladen, das jeden ihrer Wünsche am besten repräsentiert.

Andere Teilnehmer können dann Kommentare oder Haftnotizen nutzen, um zu erraten, was sie darstellen. Ermutige die Gruppe, kreativ zu sein und GIFs oder Bilder zu finden, die sie persönlich ansprechen. Das könnte eine großartige Möglichkeit sein, ein Team zusammenzuschweißen und Gespräche zu erzeugen. Gib der Gruppe nur wenig Zeit, um ein wenig Druck zu erzeugen, damit sich die Leute schneller bewegen! Besprich im Anschluss jeden der genannten Wünsche mit der Frage: *„Was für ein Wunsch könnte das sein?"* Der Wunschinhaber antwortet zuletzt.

#56 Storytelling – die Kreativität anregen

Ziel: Geschichten waren schon immer Bindeglied in Communitys. Dieser Online-Energizer regt die Kreativität an, schafft ein gemeinsames Verständnis und macht einfach Spaß.

Zeitbedarf: ca. 10–15 Minuten

Anzahl der Personen: bis zu 20 Teilnehmer

Virtuelle Ressource: Online-Besprechungs-Plattform

Vorbereitung: Gute Geschichten folgen einer gewissen Dramaturgie. Zunächst werfen wir einen Blick zurück. Wir erleben, wie sich eine Situation zuspitzt, ehe der Held kommt und alles zu einem besseren Ende führt. Visualisiere folgende Satzanfänge (auf PowerPoint oder auf dem Whiteboard):

- *„Damals, als wir in …, und sie versuchten, dass …"*
- *„Bis eines Tages …"*
- *„Haben sie …, sodass … und dann …"*
- *„Möglicherweise …"*
- *„Haben wir daraus gelernt …"*

 Top-Tipp!

Lade dir die Story Cube App herunter (www.storycubes.com).

Durchführung: Teile nun die Satzanfänge mit dem Team und erkläre kurz die Hintergründe des Energizers. Idealerweise startest du den ersten Satzanfang und leitest sofort an ein Teammitglied weiter. Dieser Teilnehmer übernimmt den zweiten Satzanfang und gibt erneut an einen anderen Kollegen ab. Achte zu Beginn auf das Tempo. Gib den Teilnehmern maximal 60 Sekunden Zeit, um den Satzanfang zu beenden und weiterzuleiten. Idealerweise spielst du zwei Runden.

Top-Tipp!

Hast du dir die Story Cubes heruntergeladen, kannst du die Übung folgender-
maßen entwickeln:

Die Würfel werden virtuell geworfen. Anschließend sucht sich der erste Teilnehmer einen Würfel aus. Mit diesem Bild startet er die Geschichte. Dazu
werden wie oben die Satzanfänge genutzt.

Sobald der erste Teilnehmer fertig ist, werden die Würfel erneut geworfen.

Top-Tipp!

Wenn du die Dramaturgie einer guten Story im Fokus haben möchtest, kannst
du folgendes Vorgehen nutzen:

Erfolgsformel guter Team Storys

Es war einmal … Jeden Tag … Aber eines Tages … Daraufhin … Und dann …
bis schlussendlich … – so einfach kann eine Geschichte sein. Was sich fast wie
ein Märchen anhört, kann eure Team Story sein. Versucht es und erzählt eure
Team Story nach folgendem Muster:

1. Es war einmal ein _____ (Setze hier
   den Helden der Geschichte ein: die Hauptfigur, mit der sich der Zuhörer
   identifizieren soll.)
2. Jeden Tag _____ (Noch nimmt die
   Geschichte nicht Fahrt auf, denn zunächst beschreibst du die gewohnte
   Welt des Helden und machst deine Zuhörer mit der normalen Umgebung
   und Routine des Helden vertraut.)

3. Aber eines Tages _____ (Jetzt gewinnt die Geschichte an Dramatik. Plötzlich verändert sich die Welt des Helden. Die Routine, in der der Held lebt, wird durch ein Ereignis durchbrochen. Dieses plötzliche Ereignis bringt den Helden in ein Dilemma und zeigt ihm einen Konflikt auf. Beschreibe diesen Vorfall und den daraus entstehenden Konflikt ausführlich, damit die Zuhörer die Dramaturgie nachempfinden können.)

4. Daraufhin _____ (Der Held beginnt, sich mit dem Konflikt und seinem Dilemma auseinanderzusetzen, und besteht erste Abenteuer.)

5. Und dann _____ (Die „Reise des Helden" ist keine belanglose, kurzfristige Unterbrechung der Routine, sondern eine grundlegende Veränderung. Sie soll die Moral von der Geschichte unterstreichen. Beschreibe ausführlicher, wie sich der Held verändert.)

6. Bis schlussendlich _____ (Finale: Das Ende der Geschichte bringt die Auflösung und Erlösung für den Helden. Entweder konnte er seinen Konflikt allein lösen oder mithilfe eines Freundes und Wegbereiters – zum Beispiel eines Kollegen.)

#57 Berühmte Paare

Ziel: Das ist ein interessanter Energizer, der als Mittel genutzt werden kann, um Personen für eine Übung zusammenzubringen noch bevor sie sich gegenseitig vorstellen.

Zeitbedarf: ca. 15–20 Minuten

Anzahl der Personen: bis zu 14 Teilnehmer

Virtuelle Ressource: Online-Besprechungs-Plattform mit Privat-Chat-Möglichkeiten

Vorbereitung: Bereite eine Übersicht vor, auf der jeweils der Name einer Hälfte eines berühmten Paares steht, zum Beispiel Adam und Eva, Romeo und Julia usw. Erstelle genügend Paare, damit jedes berühmte Paar einem Delegiertenpaar zugeordnet werden kann. (Wenn es eine ungerade Zahl gibt, könnte ein Satz zu einem Trio werden, zum Beispiel Marx Brothers.)

Durchführung:

1. Anmoderation: *„Wir wollen heute berühmte Paare kennenlernen und herausfinden, wer zueinander gehört. Zwei von euch stellen immer ein berühmtes Paar dar,*

die sich finden müssen. Ein berühmtes Paar könnte Romeo und Julia sein. Jeder von euch erhält über den privaten Chat einen Namen."

2. Schreibe jedem Teilnehmer eine private Nachricht im Chat und teile ihm den Namen mit.
3. Jeder kommt der Reihe nach dran und stellt einer Person in der Gruppe eine Frage: Diese darf nur mit Ja oder Nein antworten und nicht verraten, welche berühmte Persönlichkeit sie ist.

PowerPoint-Karaoke: Wie flexibel bist du wirklich? #58

Ziel: Hier sind viel Improvisationstalent und Kreativität gefragt. Die Teilnehmer müssen spontan und souverän mit komplexen und für sie neuen Fragestellungen umgehen. Mit PowerPoint verbinden wir Arbeit, Schule, Meetings und Workshops – eher sachliche Themen. Hört man das Wort Karaoke, denkt man sofort daran, auf einer Bühne zu stehen und zu einem Background-Track zu singen. Kombiniert man beide Aspekte, erhält man einen lustigen und unterhaltsamen Energizer.

Zeitbedarf: 15–20 Minuten

Anzahl der Personen: bis zu 10 Teilnehmer

Virtuelle Ressource: Online-Besprechungs-Plattform mit Kamera

Vorbereitung: Bereite einzelne PowerPoint-Folien aus anderen Lebensbereichen oder Arbeitskontexten vor, zum Beispiel die biologische Zucht von Schrimps. Bei Kapopo (www.kapopo.de) findest du PowerPoint-Karaoke für Anfänger und Fortgeschrittene. Eine Folie könnte beispielsweise so aussehen:

Durchführung: „*Wir werden gleich auf spielerische Art eure Kreativität anregen und eure rhetorischen Fähigkeiten verbessern und gleichzeitig werdet ihr euer Improvisationstalent auf die Probe stellen. Du hast vier Minuten Zeit, dir völlig unbekannte PowerPoint-Folien auf deine eigene Art und Weise kreativ und witzig zu präsentieren. Nach Ablauf der Zeit macht ein anderes Teammitglied weiter.*" Danach beginnt der erste Teilnehmer und gibt anschließend an den nächsten Kollegen weiter.

Folgende Regeln gelten:

- Der Vortragende hat die Folien vorher noch nie gesehen. Es darf keine Folie übersprungen werden.
- Die Präsentation endet nach Zeitablauf (4 Minuten).

Wenn alle Teilnehmer präsentiert haben, wird es Zeit, einen Gewinner festzulegen. Entweder wird nach dem Gefühl entschieden oder du definierst Kriterien wie:

- Inhalt, Glaubwürdigkeit und Sinn
- Redefluss
- Haltung und Gesten vor der Kamera
- Unterhaltung/Stimmung

Abstimmen lassen kannst du beispielsweise mithilfe von Mentimeter (www. mentimeter.com). Die Zuhörer können per Handy oder Internetbrowser den Sieger ermitteln.

3.4 Körperliche Aktivierung

#59 Bewegung bringt Bewegung ins Gehirn: Schau dich um!

Ziel: Bewegung bringt Bewegung ins Gehirn. Tatsächlich empfehlen wir Bewegung! Körperliche Aktivitäten erhöhen das Energieniveau nach dem Mittagessen.

Zeitbedarf: ca. 5–10 Minuten

Anzahl der Personen: bis zu 20 Teilnehmer

Virtuelle Ressource: Online-Besprechungs-Plattform

Vorbereitung: Schreib dir die Übungsanweisungen vorher auf. Am besten machst du sie selbst einmal, ehe du sie im Workshop einsetzt.

Durchführung: Bitte deine Teilnehmer, aufzustehen und deinen Anweisungen zu folgen. Folgende Übungen kannst du beispielsweise machen lassen:

- Arme so weit es geht nach oben strecken und gleichzeitig auf die Zehenspitzen gehen

- Kniebeugen machen lassen
- Schultern nach vorne und hinten kreisen lassen
- rechtes Knie anheben (Oberschenkel waagerecht zum Boden) und mit der linken Hand das linke Ohr berühren
- verschiedene Muskeln im Gesicht bewegen lassen
- etc.

Top-Tipp!

Alternativ macht jeder Teilnehmer eine aktivierende Körperübung vor, die die Gruppe nachmacht. Denkbar wäre es auch, einen Teilnehmer zu bitten, die gesamte körperliche Aktivierung zu übernehmen. Dann lernen alle voneinander.

Auch „Bring Sally up and down" ist toll zur körperlichen Aktivierung. Hier ist der Link dazu: https://www.youtube.com/watch?v=7Te_b3iaQZM

Dancing Queen

Ziel: Das Ziel dieses körperlichen Energizers ist es, müde Teilnehmer von den Stühlen zu holen und das Gehirn wieder mit sauerstoffhaltigem Blut zu versorgen. Ein weiteres Ziel ist es, im Team zuzulassen, nicht perfekt zu sein und spielerisch damit umzugehen.

Zeitbedarf: ca. 10 Minuten

Anzahl der Personen: bis zu 20 Teilnehmer

Virtuelle Ressource: Online-Besprechungs-Plattform

Vorbereitung: Stell dir eine Playlist mit 20 bis 30 Motivationsliedern zusammen.

Durchführung: Zu Beginn der Musik wird ein Teilnehmer zum Tanzleiter vor der Kamera. Er beginnt zu tanzen und die anderen folgen seiner Bewegung. Wenn das Lied wechselt, wird ein anderes Mitglied zum neuen Tanzleiter. Wechsle den Song alle 20 bis 30 Sekunden und versuche, möglichst viele Lieder zu spielen, sodass jeder eine Chance als Leiter erhält. Ermutige die Teilnehmer aufzustehen.

Dieser Energizer bietet eine gute Möglichkeit, Spaß zu haben und ein virtuelles Team zu energetisieren. Optional kannst du eine Team-Spotify-Wiedergabeliste initiieren, in der die Teilnehmer ihre Lieder im Laufe des Workshops hinzufügen können, die sie gerne hören und zu denen sie tanzen möchten!

Top-Tipp!

Mach dich vorher mit der Technik deiner Plattform vertraut. Bei Zoom und MS Teams kannst du beispielsweise einfach den „Computersound" einschließen.

Hier findest du Beispiele von Zoom und MS Teams, wie du den Ton freigeben und damit auch die Musik mit dem Team teilen kannst:

MS TEAMS

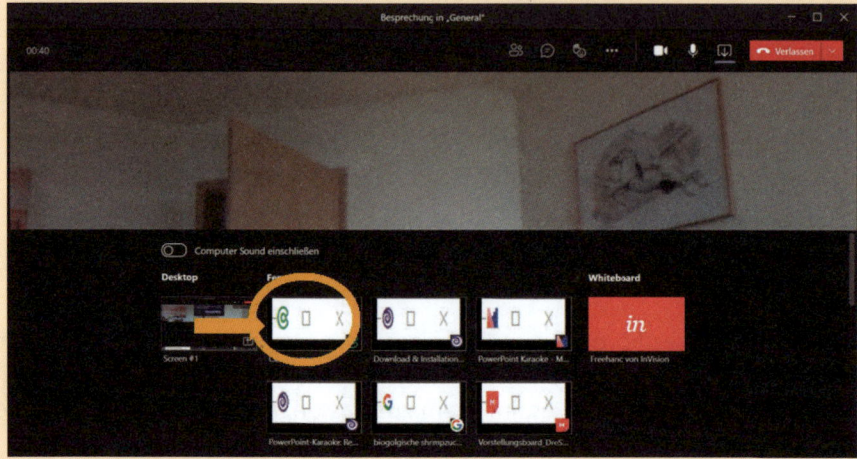

ZOOM

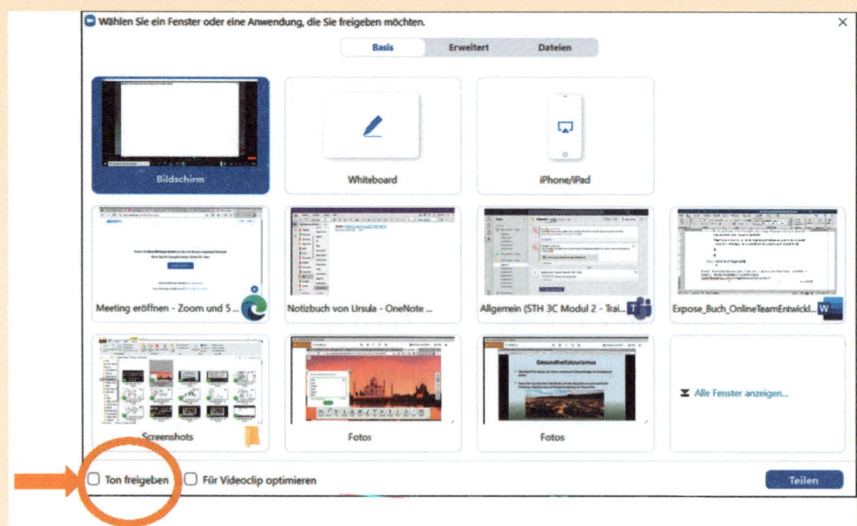

1-2-3 – Bewegung bringt Bewegung ins Gehirn #61

Ziel: Die Übung 1-2-3 ist eine körperliche Aktivität. Sie aktiviert die koordinativen Fähigkeiten. Schnell wird deutlich, dass körperliche Bewegung auch Bewegung ins Gehirn bringt.

Zeitbedarf: ca. 10 Minuten

Anzahl der Personen: bis zu 50 Teilnehmer

Virtuelle Ressourcen: Online-Besprechungs-Plattform, Videokamera

Vorbereitung: Für die Übung selbst ist keine Vorbereitung notwendig.

Durchführung: Kündige die Übung als Aktivierungsübung nach einer Pause an: *„Ich möchte euch gerne beweisen, dass körperliche Bewegung Bewegung ins Gehirn bringt. Es handelt sich um eine Übung aus dem Bereich der koordinativen Fähigkeiten. Wir werden abwechselnd von eins bis drei zählen. Das sollte einfach sein. Im Anschluss werden wir sukzessive die Ziffern durch eine Handlung ersetzen. Zum Schluss prüfen wir, ob es einfacher ist, die Ziffern von eins bis drei im Wechsel auszusprechen als vorher. Seid ihr bereit?"* Für die Übung sollen die Teilnehmer die Kamera und das Mikrofon eingeschaltet lassen.

Runde 1: *„Ich (der Moderator) starte mit der Zahl eins, alle Teilnehmer sagen anschließend die Zahl zwei, ich sage die Zahl drei. Jetzt fangen die Teilnehmer mit der Zahl eins an, ich nenne die Zahl zwei und so weiter."* Wiederhole den Prozess fünf- bis sechsmal.

Runde 2: *„Nun ersetzen wir die Ziffer eins durch* ein Fingerschnippen. Die Zahl zwei und drei sprechen wir weiterhin aus." Wiederhole den Durchgang fünf- bis sechsmal.

Runde 3: *„Wir ersetzen nun auch die Ziffer zwei durch eine Handlung. Ziffer eins war Fingerschnippen. Die Ziffer zwei ersetzen wir nun durch Daumen hoch. Somit sprechen wir nur noch die Ziffer drei aus."* Wiederhole den Prozess fünf- bis sechsmal.

Übung 1-2-3

Runde 4: *„In der vorletzten Runde ersetzen wir nun auch die Ziffer drei durch eine Handlung. Bei Ziffer drei schlägst du dir nun mit der flachen Hand auf die Stirn. Somit wird nicht mehr gesprochen."* Wiederhole den Vorgang fünf- bis sechsmal.

Runde 5: *„Nun testen wir die erste Runde. Wir zählen abwechselnd von eins bis drei. Bitte achtet auf ein hohes Tempo."* Wiederhole auch hier die Übung fünf- bis sechsmal. Frag anschließend, bei wem der letzte Durchlauf einfacher ging als der erste. Somit hast du den Teilnehmern verdeutlicht, dass körperliche Bewegung Bewegung ins Gehirn bringt.

Natürlich kannst du dir auch andere Bewegungsabläufe ausdenken.

#62 Abschütteln und wieder locker werden

Ziel: Bewegung macht den Kopf frei. Die Teilnehmer werden aktiviert und sind wieder aufnahmefähig für komplexe Themen.

Zeitbedarf: ca. 10–15 Minuten

Anzahl der Personen: bis zu 20 Teilnehmer

Virtuelle Ressource: Online-Besprechungs-Plattform

Vorbereitung: keine

Durchführung: Bitte die Teilnehmer aufzustehen. Instruiere die Gruppe wie folgt:

- achtmal rechten Arm schütteln
- achtmal linken Arm schütteln
- achtmal rechtes Bein schütteln
- achtmal linkes Bein schütteln

Während des Schüttelns zählt die gesamte Gruppe bis acht.

Wiederhole die Übung anschließend mit „viermal schütteln", „zweimal schütteln" und „einmal schütteln" und beende die Übung mit einem großen Jubel. Lade die Teilnehmer zu einem virtuellen High Five ein. Frag nach, wie es deinen Teilnehmern nun geht.

3.5 In Verbindung mit einem Thema

Die Aliens sind gelandet: Wie gut kenne ich mein Business? #63

Ziel: Als Einstieg oder Abschluss zu einem gemeinsamen Teamtag kann der Energizer auflockern, besonders nach einem langen Tag. Die Teilnehmer beschäftigen sich spielerisch mit dem eigenen Business, den Abläufen, Schnittstellen und Besonderheiten.

Zeitbedarf: ca. 15 Minuten

Anzahl der Personen: bis zu 15 Teilnehmer

Virtuelle Ressourcen: Online-Besprechungs-Plattform, virtuelles Whiteboard

Vorbereitung: Notiere dir typische Begriffe aus eurem Arbeitsalltag, wie beispielsweise einen Prozess, eine Schnittstelle oder wichtige Werkzeuge und beschreibe diese.

Durchführung: Eine mögliche Anmoderation könnte sein: *„Die Aliens sind gelandet und möchten gerne mehr über unser Business erfahren. Leider sprechen sie nicht unsere Sprache. Daher müssen wir auf Pantomime zurückgreifen. Wir werden versuchen, Begriffe über unser Business gemeinsam zu erraten. Wie funktioniert es? Jeder schreibt für sich ein paar Begriffe auf, die typisch oder wichtig sind für unser Geschäft, zum Beispiel einen wichtigen Kennzahlenbericht, eine Schnittstelle zu einer anderen Abteilung, ein Produkt, eine Dienstleistung usw."* Gib dem Team ein wenig Zeit, um die Sammlung zu erstellen. *„Was ist aber anders? Ihr versucht, euren Begriff vor der Kamera darzustellen, und wir alle müssen erraten, um welchen Begriff es sich handelt. Sobald ein Teammitglied den Begriff erraten hat, darf dieser weitermachen. Er wählt den nächsten Begriff und sendet diesen in einer 'privaten' Nachricht an einen* *ausgewählten Teamkollegen. Dieser darf dann den nächsten Begriff darstellen usw. Ich fange an, den ersten Begriff darzustellen."*

 Top-Tipp!

Du kannst den Energizer auch abwandeln, indem du das Team in kleine virtuelle Sub-Teams einteilst und jedes Team bittest, euer Business anhand von fünf Bildern, Symbolen oder Grafiken zu erklären. Du wirst von den kreativen Lösungen überrascht sein.

 #64 XWords

Ziel: In einer virtuellen Teamentwicklung kannst du das Online-Kreuzworträtsel nutzen, damit sich die Teammitglieder besser kennenlernen oder um wichtige Themen in Erinnerung zu rufen.

Zeitbedarf: 10 Minuten

Anzahl der Personen: 10 Teilnehmer

Virtuelle Ressourcen: Online-Besprechungs-Plattform, Collaboration Tool, Break-out-Sessions mit Whiteboard

Vorbereitung: Du erstellst ein Kreuzworträtsel zu deinem Thema. Dazu besuchst du die folgende Seite: XWords – der kostenlose Online-Kreuzworträtsel-Generator (xwords-generator.de)

Frage beispielsweise einzelne Teammitglieder nach besonderen Eigenschaften, Vorlieben, Hobbys etc. Mit diesen Informationen erstellst du ein Kreuzworträtsel. Beschränke dich idealerweise auf zehn Fragen, damit es nicht zu lange dauert.

Hier findest du ein Beispiel mit wichtigen fachlichen Themen:

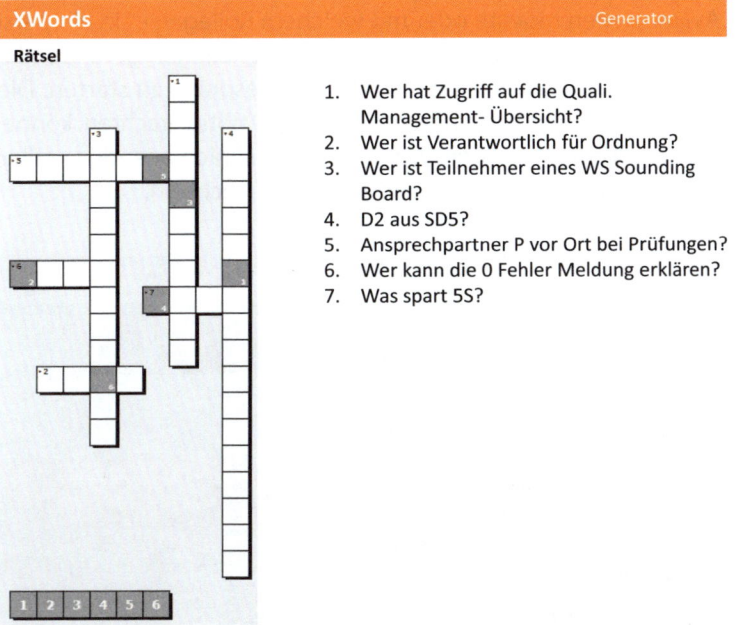

Durchführung: Während der Session teilst du das Rätsel auf einem Whiteboard. Du bildest drei virtuelle Break-out-Räume und teilst die Gruppen ein. Es hat die Gruppe gewonnen, die das Rätsel richtig und am schnellsten beantwortet hat.

Backstage 20: Die virtuelle Vernetzung mit Wonder.me oder spatial.chat vorantreiben!

Häufig hören wir in unseren Teamworkshops folgende Aussagen: „Ich kann nicht selbstständig mit einem meiner Kollegen ins Gespräch kommen! Der Moderator muss dafür eine virtuelle Break-out-Session einrichten." Stimmt nicht!

Die Plattform Wonder.me (www.wonder.me) bietet euch die Möglichkeit, euch sehr leicht miteinander zu vernetzen. Als Moderator kannst du beispielsweise Interessenbereiche einrichten, die den Small Talk erleichtern. Diese Interessen kannst du im Vorfeld mit einer Umfrage in Erfahrung bringen.

Sobald die Teilnehmer die Plattform betreten, erhalten sie einen Avatar. Der Teilnehmer selbst wählen aus, zu welchem Interessenbereich er mit seinem Avatar ziehen möchte oder mit welchem Kollegen er in ein persönliches Gespräch eintreten möchte. Sobald er einen Kollegen gefunden hat, haben die beiden die Möglichkeit, ein bilaterales Gespräch zu starten. Die Teilnehmer können sich sehen und hören. So sie es für nötig erachten, können auch Informationen geteilt werden. Wenn sie ihr Gespräch beenden wollen, kann jeder für sich autonom an einen anderen Tisch wechseln.

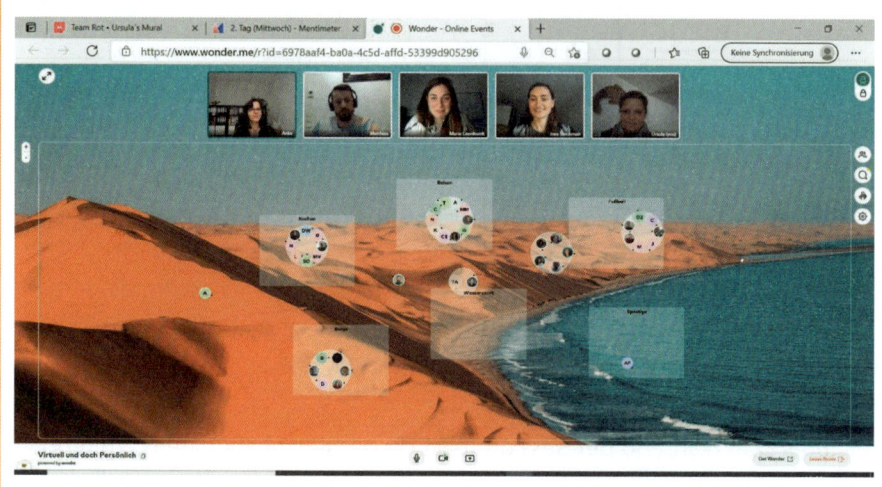

#65 McGyver oder wie wir unser Team retten

Ziel: Dieser Energizer fördert die Kreativität und sorgt immer wieder für Gelächter.

Zeitbedarf: ca. 10–15 Minuten

Anzahl der Personen: bis zu 15 Teilnehmer

Virtuelle Ressource: Online-Besprechungs-Plattform mit Videokamera

Vorbereitung: Überlege dir vor dem Teammeeting ein geheimes Szenario. Beispielsweise: Angriff der Killerbienen, das sinkende Schiff oder die Zombie-Apokalypse.

Durchführung: Bitte jedes Teammitglied, entweder drei Gegenstände vom Schreibtisch oder fünf Gegenstände aus dem Haushalt zu wählen. Du führst nun in die Aufgabe ein: *„Stellt euch einmal vor, die Zombie-Apokalypse tritt ein. Überall lauert die untote Brut, die es auf euch abgesehen hat. Ihre Bisse enden tödlich. Ihr müsst es als Team schaffen, der Situation zu entkommen. Die fünf Gegenstände helfen euch zu überleben. Bitte beginnt zu erklären, wie ihr diese Gegenstände konkret* *zum Überleben einsetzen wollt."* Der erste Spieler beginnt und gibt anschließend an einen Kollegen weiter. Da die Zeit drängt, hat jeder maximal 60 Sekunden Zeit, um seine Überlebensstrategie mit dem Team zu teilen.

Top-Tipp!

Möchtest du den Schwierigkeitsgrad steigern, kannst du die Teilnehmer bitten, bestimmte Worte zu verwenden oder Tabuworte zu vermeiden.

Du kannst die Teilnehmer durch den Namensgenerator auf der Seite www.classroomscreen.com auswählen lassen.

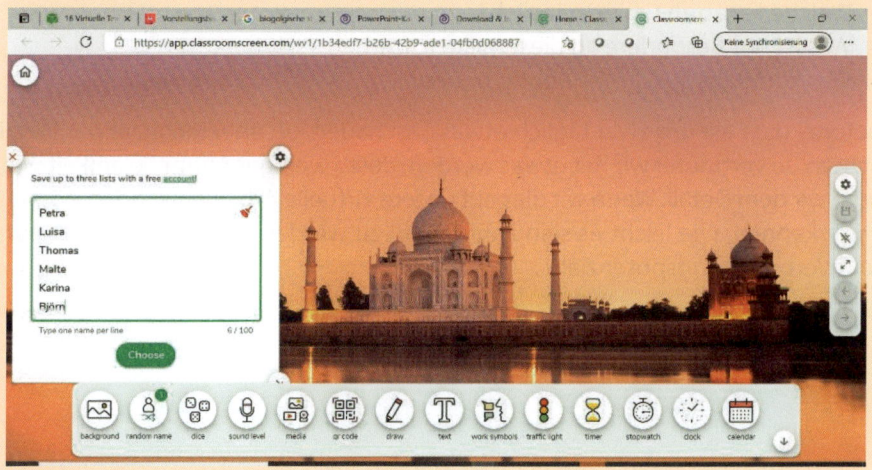

Vom Anblick geblendet #66

Ziel: In der virtuellen Zusammenarbeit gilt es die eigenen Antennen der Wahrnehmung zu schärfen und aufmerksam zu bleiben. Je vertrauter wir mit Abläufen und Situationen sind, umso geringer ist unsere Aufmerksamkeit. Dieser Energizer zeigt sehr deutlich, wie schnell wir blind werden für ineffiziente Abläufe und wie wenig wir deshalb Verbesserungsmöglichkeiten sehen.

Zeitbedarf: ca. 10 Minuten

Anzahl der Personen: bis zu 20 Teilnehmer

Virtuelle Ressourcen: Online-Besprechungs-Plattform, Papier und Stifte

Vorbereitung: keine

Durchführung:

1. Bitte die Teilnehmer, ihre Uhr abzunehmen und in die Hosentasche zu stecken. Teilnehmer, die keine Uhren tragen, wählen ein anderes Accessoire und legen es ohne Blick darauf auf die Seite.
2. Die Teilnehmer zeichnen nun in den nächsten zwei Minuten diese Objekte, ohne diese anzusehen.
3. Fordere sie nach Ablauf von zwei Minuten auf, ihre Zeichnung mit der Realität zu vergleichen.

Reflexion:

- Wie hoch ist die Übereinstimmung der Zeichnung mit der Realität?
- Wer hat die richtige Zeit eingetragen?
- Welche Facetten fehlen gänzlich?
- Was ist das Besondere an diesem Energizer?
- Was könnt ihr aus dieser Übung lernen?

Betone, dass wir uns zwar täglich etwas anschauen, oft aber nicht auf das Detail achten. Je vertrauter wir mit etwas werden, desto weniger Aufmerksamkeit widmen wir dem Detail. Wenn wir dies auf unsere virtuelle Arbeit anwenden, können wir erkennen, wie leicht es sein kann, blind zu werden für ineffiziente Abläufe und Verbesserungspotenziale.

4 Virtuelle Ressourcen, Quellen und Vorlagen

Hier findest du eine Zusammenfassung weiterer interessanter Quellen, Verweise und Vorlagen zu den Übungen.

Website zum Buch mit weiteren Vorlagen zu den Übungen: https://www.nicht-aus-dem-sinn.de

Online-Besprechungs-Plattformen:

- Adobe Connect bietet die Möglichkeit, die Gruppenarbeiten im Tool vorzubereiten und einen Ablauf zu definieren.
- Alfaview kann gut genutzt werden für große Gruppen, die flexibel und autonom wie in einer Konferenz sind.
- Microsoft Teams bietet sich an, wenn in der Gruppe kontinuierlich Dateien bearbeitet werden und größere Gruppen wie in einer Konferenz orchestriert werden.
- Webex: biete sich an, wenn Besprechungen gemacht werden. Es bietet auch Gruppenarbeiten an und hat die Möglichkeit Umfragen zu nutzen, die jedoch hochgeladen werden müssen. Ebenso enthält es ein Whiteboard.
- Zoom ist sehr gut geeignet für den Wechsel von moderierten Groß- und Kleingruppenarbeiten. Es bietet Umfragen sowie Whiteboard und Interaktionsmöglichkeiten an.

Wir wissen, dass es eine Vielzahl an Werkzeugen gibt, die hier nicht genannt sind. Neben den in Kapitel 1 genannten Auswahlkriterien findest du einen weiteren Überblick über Besprechungsplattformen: Welches Videokonferenz-Tool ist das passende für mich? Viele Möglichkeiten und großes Durcheinander (www.connectingpeopleonline.com)

Videoclips:

- „Ja" ist nicht gleich „Ja" – Was das indische Nicken bedeutet: https://www.youtube.com/watch?v=0RaBxH_MKQI
- Englischer Fragenkatalog für Check-ins und Check-outs: https://tscheckin.de
- Mr. Baseball – Kulturelle Etikette: https://www.youtube.com/watch?v=bdeF-dFEbuqk
- Geschichten entwickeln: www.storycubes.com

Interaktionsplattformen:

- https://wonder.me
- https://spatial.chat
- https://www.classroomscreen.com
- https://breaklounge.de

Konferenzplattform: https://gather.town

Online-Meeting-Abfrage-Tools:

Bei direkten Abfragen für eine Priorisierung, um Entscheidungen zu treffen oder für spielerische Tests in einer Online-Besprechung, werden bei den Teilnehmern Online-Umfragen durchgeführt. Hierfür haben die meisten Online-Besprechungs-Plattformen bereits Abfrage-Tools integriert. Da diese aber nicht immer ansprechend sind und primär den Nutzen der Bewertung haben, gibt es noch weitere Werkzeuge wie:

- https://www.mentimeter.com
- https://www.kahoot.it
- https://www.slido.com

Online-Fragebögen:

Bei Abfragen oder Umfragen, die nicht direkt in einer Besprechung stattfinden müssen, werden gerne Online-Fragebögen verwendet. Diese Art der Abfragen könnten zum Beispiel Seminarbewertungen sein, welche im Anschluss an ein Training laufen, oder Mitarbeiterbefragungen, die über einen bestimmten Zeitraum durchgeführt werden. Hier bieten sich Online-Fragebögen an wie:

- https://forms.office.com
- https://survmetrics.com
- https://www.surveymonkey.de

Lass dich überraschen:

- Online-Spiele: https://www.brightful.com
- PowerPoint-Karaoke: https:/www.kapopo.de
- GIF-Bibliothek: https://Giphy.com
- Kreuzworträtselgenerator: https://xwords-generator.de
- Mindmap: https://mind-map-online.de
- Icebreaker-Fragen: https://icebreakber.range.co
  300 Icebreaker-Fragen und Einstiegsfragen für Teams, die bereits erfolgreich zusammenarbeiten
- Quiz für interkulturelle Teams: GeoGuessr – Let's explore the world!
- Timer: https://timer.onlineclock.net
- Zufällige Namen auswählen: https://wheelofnames.com/de/ oder https://tools-unite.com/tools/random-picker-wheel

Aufgrund der schnellen Entwicklungen sind hier hauptsächlich Quellen genannt, mit denen wir gute Erfahrungen haben. Das heißt, wir erheben hier nicht den Anspruch auf Vollständigkeit.

Wer sind die Autoren?

Frank Waible ist Organisationsberater und systemischer Coach. Seit 2005 berät und schult Frank Waible in der nachhaltigen Umsetzung von Veränderungsprozessen. Seit 1998 arbeitet Frank Waible im virtuellen Umfeld als Mitarbeiter und Führungskraft und machte sich mit ConnectingPeopleOnline 2015 selbstständig. Er berät, schult und begleitet virtuelle Teams zur Verbesserung der Zusammenarbeit. Er konzipiert und moderiert – angefangen von Online-Team-Workshops über Strategie-Workshops bis hin zu interaktiven Online-Veranstaltungen für Großgruppen.

Kundenbewertungen: https://www.provenexpert.com/de-de/frankwaible/

Weitere Veröffentlichungen: „Online-Moderationen planen, vorbereiten und durchführen", Springer Verlag 2018, „Change Canvas", Springer Verlag 2018, verschiedene Artikel über virtuelles Führen und Teamentwicklung in *Personal entwickeln*, *Die Führungskräfte* und *Changement*.

Ursula Kraus verbindet Trainingswelten. Sie studierte Betriebswirtschaft und Mediation. Als Geschäftsführerin leitet sie die Power3 Training® GmbH und ist Inhaberin von Business Coaching Erlangen. Seit 2007 unterstützt sie als (Lehr-) Coach und Trainer Führungskräfte, Mitarbeiter und Teams in der Umsetzung ihrer Veränderungen. Ihr Schwerpunkt ist die didaktische Konzeption und Durchführung wirkungsvoller Live-Online-Trainings und Online-Moderationen. Besonderes Herzblut hat sie für die Leitung virtueller Teamworkshops und Großgruppenmoderationen. Ihr Credo lautet: Virtuell und doch persönlich! Überzeuge dich doch einfach selbst und folge diesem Link:

Kundenbewertungen: https://www.provenexpert.com/ursula-kraus/

Stichwortverzeichnis